Peter Ripota

präsentiert:

Zeitreisen

Fakten & Fiktionen

Bibliografische Information der Deutschen Nationalbibliothek

Die Deutsche Nationalbibliothek verzeichnet diese Publikation in der Deutschen Nationalbibliografie; detaillierte bibliografische Daten sind im Internet über http://dnb.d-nb.de abrufbar.

In der vierten Auflage wurde der "Fakt"-Teil verbessert und erweitert und dafür eine Erzählung von Robert F. Young weggelassen.

Ich danke Monika, Nadja und Tina für Verbesserungsvorschläge und Anregungen.

Herstellung und Verlag: BoD - Books on Demand, Norderstedt
ISBN-13: 9783839117132

Webseite: http://www.peter-ripota.de/zeitreisen/

Peter Ripota
studierte
Physik und
Mathematik
an der
Technischen
Hochschule
Wien. Als
langjähriger
Mitarbeiter des
P.M.-Magazins
popularisierte
er die ver-
schiedensten
Themen,
vor allem
aus Physik,
Mathematik
und Astronomie.

Inhalt

Wozu Reisen in die Zeit?

In der Science-Fiction-Literatur haben Zeitreisen einen besonderen Platz: Sie sind keine reinen Abenteuergeschichten, keine fantastischen Harry-Potter-Verschnitte, sondern logisch wohldurchdachte, intelligente Erzählungen aus alternativen Welten, die uns alle angehen und berühren. Zeitreisen konfrontieren uns mit einem Grundproblem der menschlichen Existenz: Gibt es einen Freien Willen? Kann ich mein Schicksal ändern, selbst wenn ich weiß, wie es verlaufen wird? (Eine Frage, die schon die Eltern von Ödipus bewegte.) Was geschieht, wenn mein Leben (oder das der Menschheit) ab einem bestimmten Zeitpunkt anders verläuft - wird dann alles besser oder noch viel schlimmer?

In diesem Buch habe ich alles, was ich über Zeitreisen weiß, zusammen getragen, mit vielen (sehr persönlich ausgewählten) Beispielen aus der SF-Literatur. Wo sinnvoll und möglich, habe ich Originalquellen zitiert, denn die Autoren wissen selber am besten, was sie zu sagen haben. Zudem habe ich mit Hilfe der Feynmann-Wheeler Theorie der avancierten Wellen einen Versuch unternommen, das Zeitparadoxon sozusagen grafisch zu lösen.

Und weil die Fakten alleine langweilig werden könnten, habe ich noch zwei Zeitreise-Erzählungen des bei uns wenig bekannten SF-Autors *Robert F. Young* beigefügt, die am besten zeigen, ob und wie der Mensch sein Schicksal ändern kann - wenn überhaupt.

Viel Spaß bei den Reisen in zukünftige Paradiese und vergangene Alpträume! Oder ist es umgekehrt?

Teil I: Fakten

Was ist Zeit?

"Zeit ist das, was man an der Uhr abliest." meinte *Albert Einstein* (1879 - 1955), der dann aber doch Uhren mit Zeit gleich setzte: Wenn Uhren langsamer oder schneller gehen - was von vielen Faktoren abhängt -, dann geht nach Einstein auch die Zeit langsamer oder schneller. Hier widerspricht sich der große Gelehrte selbst, ebenso wie der alltäglichen Erfahrung und dem gesunden Menschenverstand. Denn Zeit ist eben *nicht* gleich ihrer Messung, so wie der Raum nicht das ist, was man auf dem Meterstab ablesen kann.

Da ist die Einstellung des *Heiligen Augustinus* (354 - 430) schon ehrlicher, wenn er sagt: *"Was also ist die Zeit? Wenn niemand mich danach fragt, weiß ich's, will ich's aber einem Fragenden erklären, weiß ich's nicht."* Und er weist auf einen wesentlichen Aspekt der subjektiv erlebten Zeit hin: *"In der Gegenwart werden die Zukunft, die an sich noch nicht ist, und die Vergangenheit, die an sich nicht mehr ist, im Geiste sichtbar."*

Der SF-Autor *Ray Cummings* prägte schon 1919 in seiner Erzählung "The Girl in the Golden Atom" die witzige Definition: *"Zeit ist das, was alles daran hindert, im gleichen Augenblick zu geschehen."* Für ihn ist Zeit sehr subjektiv: *"Zeit ist die Geschwindigkeit, mit der wir leben - die Geschwindigkeit, mit der wir immer wieder unsere Existenz durcheilen, von der Geburt bis zum Tod. Sie ist für jedes Individuum anders."*

Für *John D. MacDonald* ist *"Jede Seele ein Sandkorn im Gefängnis* (des Einsteinschen Lichtkegels), *für immer aufgehoben im Punkt des 'Jetzt'."* ("Amphiskios". Thrilling Wonder Stories, August 1949)

Raymond F. Jones antwortet in seiner Erzählung "Encroachment (Startling Stories, March 1950) dem nach dem nach dem Wesen der Zeit Fragenden Folgendes: *"Deine Frage ist bedeutungslos. Zeit existiert nicht. Sobald du fragst: Was ist Zeit, verfällst du in den gängigen semantischen Irrtum der Identität. Zeit ist nicht identisch mit irgendetwas innerhalb unserer Erfahrungswelt. Sie kann nicht mit anderen Worten definiert werden. Sie gehört (nach Korzybski) zur tiefsten Abstraktionsebene nahe dem Niveau des Unaussprechlichen."*

Eine besonders poetische Beschreibung des Gefühls der Zeit liefert der SF-Schriftsteller *Ray Bradbury* in der Erzählung "Night Meeting" aus den "Marschroniken" (1950):

"Es lag heute Abend ein Geruch von Zeit in der Luft. Er lächelte und verweilte bei der Fantasievorstellung. Ein interessanter Gedanke. Wie roch die Zeit überhaupt? Nach Staub und Uhren und Menschen. Und wenn man sich fragte, welches Geräusch die Zeit machte, so klang sie wie Wasser, das in einer dunklen Höhle dahinströmt, und wie weinende Stimmen und Erdschollen, die auf hohle Sargdeckel fallen, und wie Regen. Um den Gedanken weiterzuspinnen, wie sah die Zeit aus? Die Zeit sah aus wie Schneefall in einem schwarzen Raum oder wie ein Stummfilm in einem alten Kino oder wie hundert Milliarden Gesichter, die wie unzählige Neujahrsballons herabsinken, immer tiefer hinab ins Nichts. Ja, so roch und klang die Zeit und so sah sie aus. Und heute - heute Abend konnte man die Zeit beinahe fühlen."

Total nüchtern dagegen *Wilhelm von Humboldt*: *"Die Zeit ist nur ein leerer Raum, dem Begebenheiten, Gedanken und Empfindungen erst Inhalt geben."*

Durch die Jahrtausende gibt es zwei grundsätzlich verschiedene Auffassungen von Zeit. Die erste, die wir *statisch* nennen wollen, leugnet den Fluss der Zeit, die Entwicklung der Dinge, den Unterschied zwischen Vergangenheit, Gegenwart und Zukunft. Die andere, die wir *dynamisch* nennen wollen, betont genau diese Attribute: Die Zeit fließt, es gibt Dynamik, Evolution, eine Zukunft, die sich aus Vergangenheit und Gegenwart allmählich heranbildet. Hier die wichtigsten Vertreter dieser beiden Denkrichtungen:

statisch	*dynamisch*	**Kategorie**
Parmenides: Die wirkliche Welt ist ein unveränderliches Ganzes	*Heraklit*: "Alles fließt", sein berühmtes Zitat	antike Philosophie
Newton: Zeit ist eine Kategorie zur Beschreibung von Bewegungen	*Leibniz*: Zeit ist eine Beziehung zwischen Ereignissen	Beginn der Naturphilosophie
Kant: ähnlich wie Newton	*Bergson*: Zeit besitzt Dauer und Entwicklung	Moderne Philosophie
Minkowski/Einstein: "Blockuniversum". Zeit = Raumkoordinate (4. Dimension). Alles ist schon da, nichts 'wird'.	*Kosyrew*: Zeit ist ein Fluss, der sich verdichten kann und die Umgebung beeinflusst	Theoretische Physik des 20. Jahrhunderts

Für *Parmenides* (540 - 475 v. Chr.) war alles Täuschung und folgerichtig auch der Zeitfluss eine Illusion. Nichts geschieht wirklich, alles ist schon irgendwie vorhanden. Die wirkliche Welt („aletheia") ist ein unveränderliches Ganzes. Der Urgrund des Seins kann aber nicht gesehen oder beschrieben werden. *Heraklit* (gleiche Lebensdaten wie Parmenides) dagegen betonte das Fließen der Zeit. Berühmt ist sein Ausspruch: *Man kann nicht zweimal in den gleichen Fluss treten*. Damit meinte er auch: Man kann nicht zweimal das Gleiche erleben.

Isaac Newton (1643 - 1727) brauchte die Zeit als absolute, unveränderbare, starre Größe, mit deren Hilfe er Bahnen und Bewegungen beschrieb. Seine Zeit fließt, kann aber nicht beeinflusst werden. Auch gibt es keinen Unterschied zwischen Vergangenheit, Gegenwart und Zukunft, und die Richtung der Zeit ist belanglos. *Gottfried Wilhelm Leibniz* (1646 - 1716) dagegen war Relativist und propagierte die erste Relativitätstheorie, ohne sie auszuarbeiten. Zeit kann nur durch zwei Ereignisse definiert werden (vorher - nachher, große - kleine Distanz).

Für den deutschen Denker *Immanuel Kant* (1724 - 1804) war die Zeit Anschauungsform a priori, also eine angeborene Möglichkeit, die Wirklichkeit zu erfassen, mithin nichts Substanzielles, sondern ein bequemes Hilfsmittel zum Überleben - wie Farben, die uns zeigen, ob eine Frucht reif ist oder nicht. Für den französischen Philosophen *Henri Bergson* dagegen (1859 - 1941) ist die Zeit *"ein mal schnelleres, mal langsameres Fließen und Werden, eine unumkehrbare, unwiederholbare, unteilbare Dauer"*. Sie ist etwas Schöpferisches, denn sie erschafft kontinuierlich unvorhersehbar Neues.

Albert Einstein (1879 - 1955) schuf 1905 die "Spezielle Relativitätstheorie", in der Raum und Zeit relativ gleichberechtigt, aber noch getrennt sind. Der Mathematiker *Hermann Minkowski* (1864 - 1909) fügte die beiden Beschreibungskategorien zu einem vierdimensionalen Raum-Zeit-Kontinuum zusammen, wo die Zeit als selbstständiges Wesen keinerlei Rolle mehr spielt. Einstein übernahm Minkowskis Idee und baute sie in seine "Allgemeine Relativitätstheorie" 1915 ein. Die Welt ist nichts anderes als eine statische Struktur, die von einer höheren Warte aus als einziger, unbeweglicher Block gesehen werden kann (daher der Ausdruck "Blockuniversum"). Eine Entwicklung ist dort natürlich nicht möglich: Es gibt weder Evolution noch freien Willen. Weder fließt die Zeit, noch hat sie eine Richtung oder gar so etwas wie "Substanz". Originalzitat Einstein 1955: *"Die Unterscheidung zwischen Vergangenheit, Gegenwart und Zukunft ist bloße Illusion, wenngleich eine ziemlich hartnäckige."*

Eine Substanz indes spricht ihr der russische Astronom und Physiker *Nikolai Alexandrowitsch Kosyrew* (auch "Kozyrev" geschrieben) zu (1908 - 1983). Bei ihm ist die Zeit wie ein Strom. Sie fließt (und er konnte sogar ihre Flussgeschwindigkeit bestimmen!); sie hat, wie alle Flüsse, unterschiedliche Dichte; sie kann ihre Umgebung beeinflussen und umgekehrt von ihrer Umgebung verändert werden. Sie ist substanziell, und man kann ihre Auswirkungen messen.

Also wollen wir uns jetzt ein wenig mit den Eigenschaften der Zeit beschäftigen.

Die Eigenschaften der Zeit

Der Zeit schreiben wir von jeher drei Eigenschaften zu:

(1) Sie hat eine Richtung.

(2) Sie ist unterteilt in Vergangenheit, Gegenwart und Zukunft, deren Eigenschaften ganz unterschiedlich sind.

(3) Sie fließt.

Als Eigenschaft (0) könnten wir hinzufügen: Sie ist. Sie war schon immer da und wird immer da sein. Auch diese Auffassung stellt keine Selbstverständlichkeit dar - siehe unseren Beitrag über R. Cahill auf S. 43!

Alle Eigenschaften der Zeit sind im Alltag unmittelbar erfahrbar, in der Physik indes nicht vorhanden. Dort gibt es nur Eigenschaft (0) - sie ist da. Aber sie fließt; sie hat keine bevorzugte Richtung (bei Zeitumkehr ändert sich nichts an den Formeln), und es gibt keinen Einschnitt, der "Gegenwart" genannt werden kann. Wer also hat Recht, die Physiker oder unsere Alltagserfahrung?

Fangen wir an mit Punkt 1, der bevorzugten Richtung der Zeit, die auch "Pfeil der Zeit" genannt wird.

(1) Der Pfeil der Zeit

In der Physik kommt die Zeit als gewöhnliche Variable t vor. In ausnahmslos allen Formeln der Mikro- und Makrophysik kann die Zeit t auch umgedreht werden (ersetze t durch $- t$), ohne dass sich an den Formeln etwas ändert. In den Newtonschen Formeln kommt die Zeit entweder nicht vor (weil Kräfte beschrieben werden, die augenblicklich wirken), oder aber der Determinismus der Newtonschen Physik kann genauso gut in die Vergangenheit projiziert werden. In der Quantenphysik kommt in der Schrödingergleichung die Zeit nicht vor, weil diese Gleichung nur stehende Wellen beschreibt, also "Quantenzustände" (diskrete Energieniveaus). Durch die Messung wird zwar ein Zeitpfeil festgelegt, Quantenzustände sind aber erst mal unbestimmt und hängen nicht von der Zeit ab. Nur der Zerfall des K-Mesons scheint der exakten Zeitsymmetrie zu widersprechen. Doch K-Mesonen leben im Mittel nur eine Hundertmillionstel Sekunde, und der dabei gemessene Effekt ist so klein, dass er offiziell als "superschwach" bezeichnet wird. Eine Erklärung kennt man auch nicht.

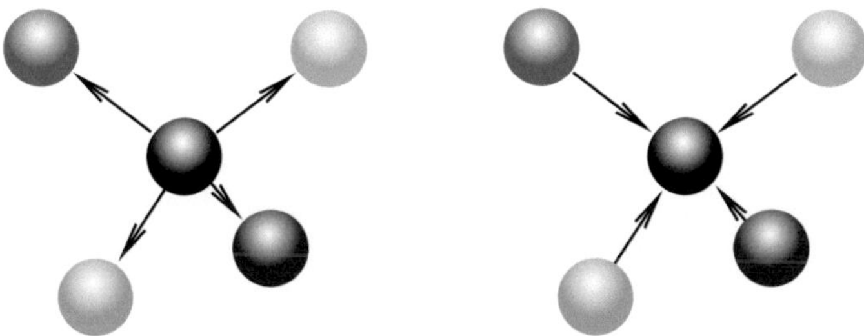

Explosion oder Implosion? In den Gleichungen der klassischen Physik sind die Bewegungsrichtung und damit der Zeitpfeil belanglos. Dreht man die Zeitrichtung um, bleibt die Form der Gleichungen erhalten, und man kann aus ihnen nicht entnehmen, in welcher Richtung die Bewegungen ablaufen.

Aber, so wird der gebildete Leser einwenden, was ist denn mit dem zweiten Hauptsatz der Wärmelehre? Da heißt es doch, die Entropie, sprich Unordnung eines abgeschlossenen Systems, nimmt mit der Zeit zu, was also bedeutet, dass Zustände niedriger Entropie früher sind und Zustände höherer Entropie später. Indes, das Gesetz ist rein empirisch, und in den beiden Definitionen der Entropie kommt die Zeit wieder nicht vor. Zwar hat *Ludwig Boltzmann* (1844 - 1906) versucht, den Zeitpfeil durch Übergangswahrscheinlichkeiten zu beweisen: Die Wahrscheinlichkeit des Übergangs eines unwahrscheinlichen Zustands in einen wahrscheinlichen ist größer als umgekehrt. Doch kann man durch ein cleveres einfaches Gedankenexperiment mit farbigen Kugeln und Urnen zeigen, dass diese Rechenergebnisse nur deshalb zustande kommen, weil wir zu wenig wissen. Macht man die Rechnung mit vollständiger Information, verschwindet der Zeitpfeil wieder (siehe Literatur: *Rothman*). Boltzmann meinte im übrigen, in unterschiedlichen Regionen des Universums könnte der Zeitpfeil in die andere Richtung gehen!

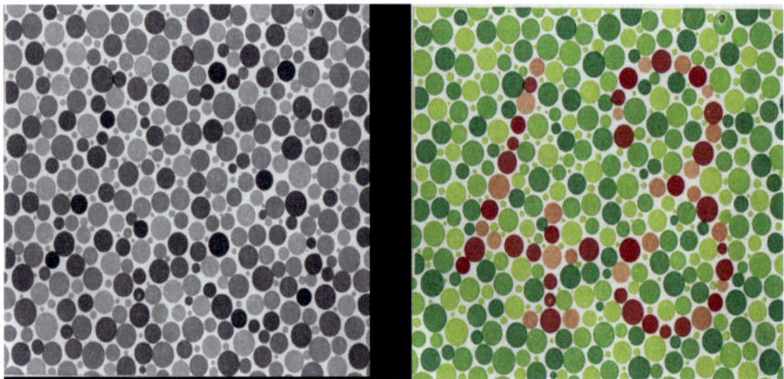

Entropie groß oder klein? Beide Male handelt es sich um das gleiche Bild, links in grau, rechts in Farbe. Das linke Bild besitzt maximale Entropie (= Unordnung): Es ist keinerlei Muster zu erkennen. Im rechten Bild dagegen sehen nicht-farbenblinde Menschen deutlich eine Zahl. Der gleiche Zustand kann, je nach Betrachtungsweise, völlig unterschiedlichen Informationsgehalt und damit Entropie besitzen.

Ilya Prigogine (1917 - 2003) hat sich viel mit irreversiblen ("dissipativen") Prozessen beschäftigt und festgestellt: Eine Simulation von vielen Zusammenstößen gleichartiger Teilchen führt auch bei Zeitumkehr zum gleichen Ergebnis - ein Zeitpfeil ist nicht feststellbar. Die Sache ändert sich allerdings, wenn auch *Korrelationen* zwischen Teilchen berücksichtigt werden. Was bedeutet: Wenn Teilchen irgendwelche Beziehungen miteinander eingehen, gibt es einen Unterschied zwischen Vergangenheit und Zukunft, zumindest in einer Computer-Simulation. Doch eine eindeutige Zeitrichtung ist hier nicht festgelegt; zudem wird nicht so recht deutlich, wie leblose Teilchen miteinander Beziehungen bilden und sich an diese auch noch im nächsten Schritt erinnern.

Warum gibt es einerseits keine bevorzugte Zeitrichtung, andrerseits einen Zeitpfeil? Es liegt an unseren gänzlich unterschiedlichen Formen der Zeitmessung:

Einerseits messen wir "Zeit" durch **periodische Vorgänge**, also durch Schwingungen eines Pendels, einer Unruhe, eines Atoms, oder die Phasen des Mondes. Dabei können wir eine Zeitrichtung nicht feststellen, denn jede Schwingung, jeder Zustand, sieht genauso aus wie Vorgänger oder Nachfolger. *Andrerseits* messen wir "Zeit" durch einen **Ablauf**, bei dem jeder Entwicklungsschritt sich vom vorherigen oder von nachfolgenden deutlich unterscheidet. Beispiel: eine Sanduhr, die Vermischung zweier Gase, das Wachstum einer Pflanze, der radioaktive Zerfall eines instabilen Elements.

Zeitmessung durch periodische Vorgänge: Ein Vorgang ist wie der andere, es gibt keinen ausgezeichneten Zeitpunkt.

Zeitmessung durch Entwicklungsvorgänge: Die Zeit hat eine er-kennbare Richtung, ihre "Menge" kann bestimmt werden.

Wenn die Zeit rückwärts fließt ...

... dann gibt es Probleme. Zum Beispiel mit der Kausalität, denn die kommt dann aus der Zukunft. Das bedeutet: Was <u>wird</u>, bestimmt, was <u>ist</u>. Was <u>ist</u>, bestimmt, was <u>war</u>. Da kommen unsere Gedanken reichlich durcheinander. Was sagen Dichter dazu?

Eine anschauliche und liebenswerte Schilderung einer Rückwärtszeit findet sich beim englischen Kinderbuchautor *Lewis Carroll*. In "Sylvie and Bruno" aus dem Jahr 1893 drückt der Held den "Rückwärts"-Knopf seiner magischen Uhr. Was dann geschieht, sieht so aus (Man störe sich nicht daran, dass der Held versteht, was die Menschen sagen: Natürlich würden auch die Worte rückwärts ausgesprochen!):

Jetzt ist meine Möglichkeit gekommen, die Rückwärtswirkung meiner Zauberuhr zu testen. Ich drückte den "Rückwärts"-Knopf und betrat das Haus.

Die Gesellschaft im Wohnzimmer bestand aus vier lachenden, rosigen Kindern zwischen vierzehn und zehn Jahren, die anscheinend alle zur Tür kamen (aber, wie ich später herausfand, in Wirklichkeit rückwärts gingen), während die Mutter vor dem Kaminfeuer mit irgendeiner Strickarbeit beschäftigt war. Als ich den Raum betrat, sagte sie gerade: "Mädels, zieht euch was zum Ausgehen an."

Zu meiner größten Verwunderung erstarrte alles Lachen auf den vier hübschen Gesichtern, sie zogen ihre Strickarbeiten hervor und setzten sich. Niemand beachtete mich, als ich mich neben ihnen niederließ, um sie zu beobachten.

Als die Strickarbeiten ausgebreitet und sie bereit zur Arbeit waren, sagte ihre Mutter: "Jetzt seid ihr endlich fertig, ihr dürft eure Arbeiten wegräumen." Doch die Kinder beachteten ihre Bemerkung nicht; im Gegenteil, sie begannen sofort mit ihrer Strickarbeit. Jede von ihnen befädelte ihre Nadel, wobei das kurze Ende des Fadens am Strickgut hing. Sie wurde sofort von einer unsichtbaren Kraft durch den Stoff gezogen, mit der Nadel am Ende dran. Die kleinen Finger der Näherinnen fingen sie am anderen Ende auf, nur um sie im nächsten Augenblick wieder los zu lassen. Und so ging die Arbeit voran, das Strickzeug löste sich dabei stetig auf und zerfiel in Einzelteile. Ab und zu machte eines der Kinder eine kleine Pause, wenn nämlich der herausgeholte Zwirn zu lang wurde. Dann wurde er auf eine Spule gewickelt, und die Arbeit ging mit einem anderen kurzen Faden weiter.

Zuletzt waren alle Strickwerke in Einzelteile zerfallen, und sie wurden weggeräumt. Die Dame des Hauses ging rückwärts in den nächsten Raum und sagte unsinnigerweise: "Nicht jetzt, meine Liebe, erst müssen wir mit der Näharbeit fertig werden." Danach sprangen, ich hatte es fast erwartet, die Kinder rückwärts ihr nach und riefen: "Oh Mutter, heute ist so ein schöner Tag zum Spazierengehen!"

Im Esszimmer standen nur schmutzige leere Teller auf dem Tisch. Doch die Gesellschaft ließ sich zufrieden auf den Stühlen nieder.

Das gespenstische Bankett sah so aus: Eine leere Gabel wird zum Mund geführt. Dort wird sie mit einem schön geschnittenen Fleisch bestückt und dann zum Teller geführt, wo sich das Stück mit dem Lamm vereinigt. Danach wurde ein Teller mit vollständiger Lammkeule und zwei Kartoffeln dem vorsitzenden Hausherrn gereicht, woraufhin dieser mit einem Messer die Einzelteile zu einem Ganzen zusammenfügte.

Noch verblüffender war ihre Unterhaltung. Es fing mit der Kleinsten an, die ganz plötzlich zu ihrer ältesten Schwester sagte: "Oh, du böse Geschichtenerzählerin!" Ich erwartete eine scharfe Antwort ihrer Schwester, aber die wandte sich nur lachend an ihren Vater und sagte in lautem Bühnenflüstern: "eine Braut zu sein".

Der Vater setzte die verrückte Unterhaltung fort, indem er sagte: "Flüster mir's ins Ohr."

Aber sie flüsterte nicht (diese Kinder taten nie, was ihnen gesagt wurde); sie sagte ziemlich laut: "Natürlich nicht! Jeder weiß, was Dolly will!"

Und die kleine Dolly zuckte mit den Schultern und sagte mit eigenartiger Empfindlichkeit: "Papa, du darfst nicht sticheln. Ich möchte Brautjungfrau für niemand sein."

"Dolly ist die vierte" war des Vaters sinnlose Antwort.

Jetzt war Nummer drei dran. "Das haben wir geregelt, Mutter, ein für alle Mal. Mary hat uns alles darüber erzählt. Es soll nächsten Dienstag in vier Wochen sein - und drei ihrer Kusinen werden kommen und Brautjungfern spielen - und -"

"Sie wird es nicht vergessen, Minnie!" antwortete lachend die Mutter. "Ich wünschte, alles wäre geregelt Ich mag keine langen Verlobungen."

Und Minnie beendet das Gespräch - wenn man so chaotische Bemerkungen als "Gespräch" bezeichnen kann - mit "Denk nur! Wir gingen heute morgen an den Zedern vorbei, gerade, als Mary Davenant am Tor stand mit einem Abschiedsgruß für - ich hab seinen Namen vergessen. Natürlich blickten wir in die andere Richtung."

Jetzt war ich so hoffnungslos verwirrt, dass ich nicht mehr zuhörte.

Dreißig Jahre danach hat *F. Scott Fitzgerald* das Thema aufgegriffen. Er lässt seinen Antihelden in der Erzählung "Der seltsame Fall des Benjamin Button" (1922) rückwärts leben. Allerdings ist Fitzgeralds Erzählung eine Satire auf Autoritätsgläubigkeit, keine Sciencefiction. Bei *Philip K. Dick*s "Counter-Clock World" ("Die Zeit läuft zurück", 1967) geschieht genau das, was der Titel andeutet: Die Zeitlinie, wie wir sie kennen, läuft in die falsche Richtung. Die Menschen die bereits leben, werden immer jünger, bis sie sogar in den Mutterleib zurückkehren und sich vollkommen wieder im Wohlgefallen auflösen. Die Toten erwachen in ihren Gräben und müssen von Einsatzteams geborgen und Erste Hilfe geleistet werden. Für Dick war diese Ausgangssituation mehr Gesellschaftskritik als echte Science Fiction.

Dafür hat *Ian Watson* in seiner ungewöhnlichen Erzählung "Die sehr langsame Zeitmaschine" (1978) ernsthaft versucht, die Reaktion der Normalbürger auf einen Menschen zu schildern, der verkehrt in der Zeit lebt.

Was sagen die Physiker dazu? Die meinen: Geht. Genauer gesagt, es gibt Physiker, die mehrere Möglichkeiten fanden, die Zeit rückwärts laufen zu lassen. *John Archibald Wheeler* (1911 - 2008), Schöpfer des Ausdrucks "Schwarzes Loch" und der Theorie der Wurmlöcher, mit deren Hilfe Zeitreisen möglich sein könnten, und sein Schüler *Richard Feynman* (1918 - 1988) haben sich die klassischen Formeln der Elektrodynamik vorgenommen, nämlich die Wellengleichungen. Und so kommen sie zur

Möglichkeit 1: **Wellen aus der Zukunft**

Wellengleichungen haben, rein mathematisch, immer <u>zwei</u> Lösungen, von denen eine stets sofort verworfen wird. Die erste Lösung (die "retardierte") beschreibt eine Welle, die von hier und jetzt in die Zukunft und ins Unendliche wandert und die Energie aussendet (emittiert). Die zweite (die "avancierte") beschreibt alles genau umgekehrt: Aus weiter Ferne und aus der Zukunft kommt eine Welle, die absorbiert wird, aber gleichzeitig unsere Gegenwart beeinflusst. Bei dieser Welle läuft die Zeit umgekehrt, von der Zukunft in die Vergangenheit.

Eine solche Beschreibung (nach der "Emitter-Absorber-Theorie" von Feynman und Wheeler) ist durchaus sinnvoll in der Quantenphysik, denn dort werden Fotonen ständig emittiert und absorbiert. Kurzum: Es wäre möglich, dass die Welt auch von der Zukunft her beeinflusst wird! - Mehr dazu in meinem Buch über "Symmetrien".

Möglichkeit 2: **Antiteilchen**

Antiteilchen sind Bestandteile der Antimaterie. Sie besitzen die gegenteilige Ladung ihrer Teilchen-Brüder und dazu Antimasse (was immer das auch heißen mag). Das Antiteilchen zum negativ geladenen Elektron ist das positiv geladene Positron. Treffen Materie und Antimaterie aufeinander, zerstrahlen sie sofort in einem ungeheuren

Energieblitz nach der Einsteinschen Formel E = mc². Das sieht folgendermaßen aus:

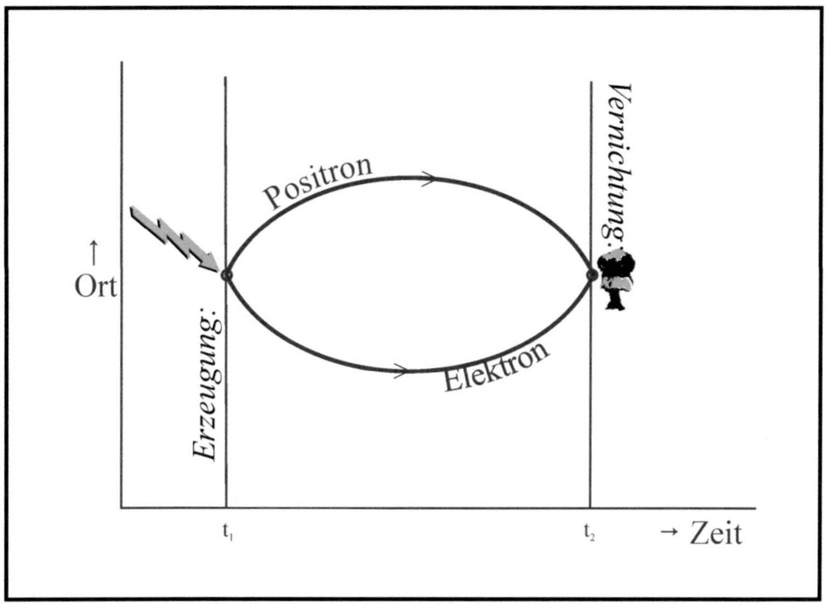

Eine starke Energiequelle (links zur Zeit t_1 durch ein Blitz-Symbol gekennzeichnet) erzeugt manchmal ein Elektron-Positron-Paar, das scheinbar aus dem Nichts auftaucht, aber nicht lange existiert, da beim Zusammentreffen die beiden Teilchen (rechts zur Zeit t_2) in einem Energieblitz verschmelzen und praktisch wieder im Nichts verschwinden.

Und nun kommt die originelle und für uns bedeutungsvolle Deutung, bereits 1941 von Wheeler und Feynman entwickelt: Antiteilchen sind normale Teilchen, die sich in der Zeit rückwärts bewegen! Elektronen und Positronen entstehen durch einen Gammastrahlenblitz, also durch viel Lichtenergie. Wenn sich die beiden dann vereinigen, wird diese Energie wieder frei. Das kann man auch so deuten: Anstelle der Wiedervereinigung prallt das Elektron von der plötzlich ausgesandten Energie so stark ab, dass es durch die Zeit zurückgeschleudert wird, aber dieses Mal als Antimaterie.

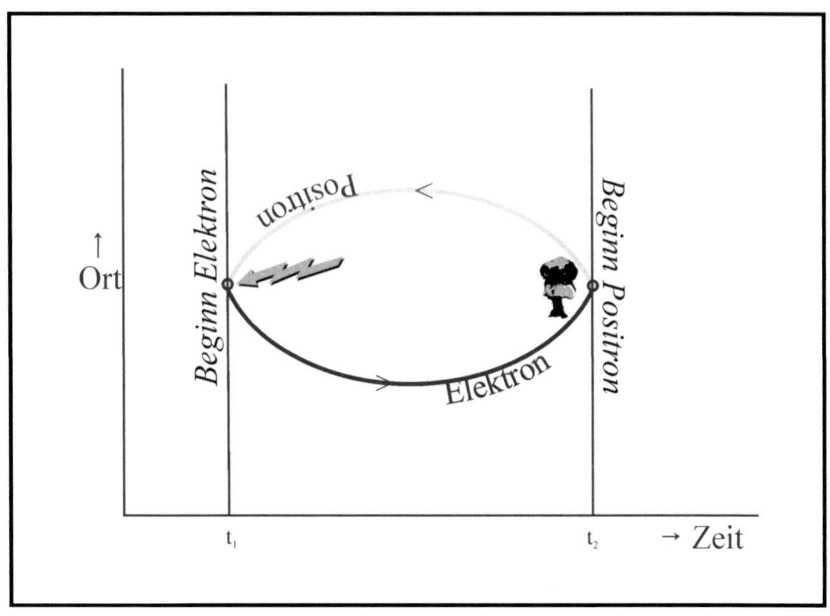

Wheeler/Feynman: Positronen sind Elektronen, die sich in der Zeit rückwärts bewegen.

Damit hätten wir endlich einen Zeitpfeil und auch die (rein theoretische) Möglichkeit einer Zeitreise in die Vergangenheit: Wir brauchen uns nur in Antimaterie zu verwandeln, schon geht's ab ins Gestern. Rein technisch ist das nicht machbar, und ob es theoretisch stimmt, weiß auch niemand. Immerhin: Auch Physiker sind fantasievoll!

Möglichkeit 3: **Verzögerte Entscheidungen**

Wieder war es Wheeler, der sich einen höchst ungewöhnlichen Versuch ausgedacht hat. Er nennt sich "delayed choice quantum experiment", also etwa: Quanten-Experiment der verzögerten Entscheidung. Der Versuch wurde im Jahre 2006 tatsächlich durchgeführt. Die Sache ist kompliziert; in meinem Buch über Quantenphysik habe ich den Versuch und seine möglichen Deutungen ausführlich beschrieben. Hier nur so viel:

Licht besitzt immer eine Doppelnatur. Mal taucht es als Teilchen auf, das auf einer Fotoplatte scharfe Lichtpunkte erzeugt, mal als Welle, die zu Interferenzstreifen führt. Ob das Licht Teilchen- oder Wellencharakter besitzt, kann ein geschickter Experimentator selbst bestimmen. Entweder er deckt in einem Doppelspaltversuch einen Spalt ab - dann entpuppt sich Licht als Teilchen und hinterlässt einen einzelnen Punkt als Spur seiner Existenz auf dem Schirm dahinter. Oder er lässt beide Spalte offen - dann agiert Licht als Welle und produziert ein Interferenzmuster auf dem Schirm. Dies gilt auch für ein einzelnes Foton, das mit sich selbst interferiert, obwohl man sich das schwer vorstellen kann.

Der Experimentator erzeugt zwei "verschränkte" (mit einander verbundene) Lichtteilchen. Das eine Foton wird erst durch eine kilometerlange Glasfaserleitung geschickt, sodass es ein paar Millisekunden *nach* dem anderen Foton auf den Detektoren erscheint. Nun wird die Wahl - Teilchen oder Welle - an diesem verzögerten Foton vorgenommen. Das andere - frühere - Foton muss aber die gleiche Entscheidung schon vorher treffen! Woher 'weiß' es, was sein Quanten-Zwillingsbruder später einmal machen wird?

Die einfachste Erklärung für diese reichlich konfuse (und experimentell auch reichlich komplizierte) Angelegenheit liegt in der Annahme, das verzögerte Foton beeinflusse seinen Zwilling aus der Zukunft. Die Zukunft bestimmt also die Vergangenheit, was <u>nicht</u> zu Paradoxien führt, da sie die Vergangenheit ja nicht <u>ändert</u>. Ändern heißt: Wir wissen, wie es war, und wir machen es jetzt anders. Wir wissen aber nichts.

Zeitumkehr indes ist keine Science-Fiction-Idee, denn genau eine solche Zeitumkehr mit avancierten Wellen ist heute schon möglich und wird in der Medizin erfolgreich eingesetzt, wenn auch nicht mit Licht-, sondern mit Schallwellen. *Mathias Fink* vom Labor für Wellen und Akustik an der Ecole Superieure de Physique et de Chemie in Paris war der Pionier der Schallwellen-Zeitumkehr. Er hat das System hauptsächlich als Erweiterung der Ultraschall-Analyse gesehen und eingesetzt. Dabei wird ein Ultraschallimpuls auf ein Ziel geschickt (z.B. ein Organ im Inneren des Menschen). Die Schallwellen werden bei der Reflektion ziemlich zerstreut, weswegen eine genaue Messung oder gar ein korrektes Bild des Ziels schwierig ist. Doch Fink sammelte alle (retardierten) Wellen ein und schickte sie als (avancierte) zeitverkehrte Wellen wieder zurück. Der technische Aufwand dabei ist enorm: Jede einzelne Welle muss durch Detektoren erfasst werden, die rund um das Objekt verteilt sind. Alle reflektierten Wellen werden in einem Rechner gespeichert. Dann wird die zuletzt angekommene Welle als erste wieder ausgesandt, die erste ist dann die letzte: Die Zeitumkehr nimmt also der Rechner vor.

Die Methode funktioniert allerdings nur, wenn es keinerlei äußere Störungen gibt. Mit ihr können Schallimpulse ganz exakt gesetzt und wieder empfangen werden, sodass die gezielte Zerstörung von Nierensteinen möglich wird. Fink meint auch, man könne damit die Unterwasser-Kommunikation von U-Booten verbessern.

Im Übrigen ist eine Beeinflussung aus der Zukunft beim bewusst denkenden Menschen alltäglich: Wir nehmen uns ein Ziel vor, das in der Zukunft liegt (Beispiel: Ich möchte mit meinem Vehikel von A nach B), und dieser Gedanke beeinflusst im weiteren Verlauf unsere Handlungen. Die Zukunft wirkt hier auf die Gegenwart - aber Physiker würden das nicht als "Kausalität" bezeichnen.

Der Quantenphysiker *Fred Alan Wolf* allerdings schon. Er hat eine besonders originelle (und leicht esoterische) Deutung des mathematischen Formalismus der Quantenphysik gefunden. Vorhang auf für

Möglichkeit 4: **psi-Funktion und Bewusstsein**

Auch hier ist, wie fast alles in der Quantenphysik, die Sache reichlich kompliziert, und darum sei auf mein Buch ("Das Rätsel der Quanten") verwiesen, wo ich auf Wolfs Ideen ausführlich eingehe. Kurz gesagt: In der klassischen Physik gibt es nur <u>ein</u> Objekt, das ich beschreibe, und das ist die Wirklichkeit, ein Vorgang, ein physikalisches System. Nennen wir es **A**. In der Quantenphysik muss ich mich aber mit zweierlei beschäftigen: mit dem System (**A**) und dem Beobachter (**B**). Die Beziehung zwischen beiden ist mathematisch kompliziert und philosophisch ungeklärt. Wolf fand eine interessante Deutung: Das System **A** entwickelt sich erwartungsgemäß von der Gegenwart in die Zukunft. Die Beobachtung **B** hingegen kommt aus der Zukunft und läuft als Welle zu uns in die Gegenwart. Was das bedeutet? Das einzige, was frei fließen kann und sich um keine Zeitrichtung schert, sind die Gedanken. Darum ist **B** auch unsere <u>Erwartung</u>, die wir zeitunabhängig formulieren.

Aber jetzt wird's interessant. Wir können A und B nämlich rein mathematisch in den Formeln der Quantenphysik vertauschen und erhalten dann eine ganz andere Deutung. Jetzt liegt die Beobachtung **B** in der Gegenwart, ist also für uns Vergangenheit (eine echte Gegenwart gibt es in der Physik nicht). **A** dagegen liegt in der Zukunft. Und was bedeutet das? Für Wolf ist es eine Rückmeldung in der Zeit. Die Beobachtung **B** wird als "ist eingetreten" (**A**) im Bewusstsein zeitlich zurückgeschickt.

Was das bedeutet, kann die Psychologie der Wahrnehmung sehr gut erklären. Im Jahr 1979 fand der Neurophysiologe *Benjamin Libet* durch geschickte Experimente heraus, dass die Wahrnehmung eines inneren Zustands ("Ich habe den Finger bewegt") erst nach 1½ Sekunden bewusst wird. Um aber den Menschen nicht zu verwirren, datieren unbekannte Regionen des Gehirns ("Agenten") das Ereignis genau um diese Zeit in die Vergangenheit zurück. Der Mensch meint also, etwas mit seinem freien Willen initiiert zu haben, obwohl ihm das erst viel später bewusst wird und das Gehirn ihm diese Tatsache vorenthält. Die zeitliche Verschiebung des Ereignisses **A** in die Vergangenheit ist schlicht und einfach der physiologische Prozess der Täuschung des Gehirns. Nach Wolf existiert die Zukunft bereits, während die Vergangenheit ständig neu erschaffen wird!

Möglichkeit 5: **Tachyonen**

In der Speziellen Relativitätstheorie von *Albert Einstein* (1905) wurden durch den Mathematiker *Hermann Minkowski* Raum und Zeit zusammengefasst. Wegen bestimmter geometrischer Überlegungen sind die drei Raumkoordinaten reell (x,y,z), die Zeitkoordinate aber imaginär (it). Nach Einstein gibt es eine Raumkontraktion und eine Zeitdilatation(-dehnung). In den diesbezüglichen Formeln tauchen nur die Lichtgeschwindigkeit (c) als Höchstgeschwindigkeit und die Geschwindigkeit des bewegten Körpers (v) auf. Üblicherweise ist $v<c$ ("kleiner"), meistens sogar $v<<c$ ("wesentlich kleiner").

Setzt man nun für v eine Geschwindigkeit größer als c ein, also $v>c$ - was in der Natur nicht möglich ist -, so tauschen Raum- und Zeitkoordinaten ihre Rollen. Die Raumkoordinaten werden (durch Wurzelziehen aus einer negativen Zahl) imaginär, die Masse auch, die Zeit wird reell. Und das bedeutet, dass Teilchen, die sich mit Überlichtgeschwindigkeit bewegen (können), frei in der Zeit reisen könnten, so wie wir im Raum. Da aber die Zeit - immer noch - nur eine Richtung hat, bleibt den Teilchen nichts anderes übrig, als entgegen dem üblichen Zeitfluss in die Vergangenheit zu fliehen.

Solche Teilchen nannte man 1960 "Tachyonen" (von griechisch tachýs = schnell). Daher würde man das Tachyon, nachdem es an einem vorbeigeflogen ist, gleich doppelt sehen. Einmal in der Richtung, in der es fliegt, und einmal in der Richtung, aus der es gekommen ist. Beide Bilder würden sich vom Beobachter entfernen, das eine rot-, das andere blauverschoben auf Grund des Dopplereffekts. Wikipedia sagt dazu: "*Falls Wechselwirkungen zwischen den Tachyonen und den Tardyonen (= die 'langsamen', also üblichen Teilchen) nachgewiesen werden könnten, würde das bedeuten, dass Botschaften aus der Zukunft in die Vergangenheit übermittelt werden könnten. Zeitparadoxa wären die Folgen, wie beispielsweise durch ein hypothetisches Antitelefon.*"

Gesehen hat man noch keine, ihre Existenz ist unwahrscheinlich, und selbst wenn es sie gibt, kann man sie kaum zähmen.

Wie üblich, hatten SF-Autoren so manche dieser Ideen viel früher vorausgenommen. *Jack Williamson* postulierte schon 1942 in seiner Erzählung "Minus Sign" den Zusammenhang zwischen Antimaterie und Zeitreisen bzw. Nachrichten in die Vergangenheit.

... und wenn sie still steht ...

Kann man die Zeit - für alle Menschen und beweglichen Dinge - zum Stillstand bringen? Wohl kaum. Aber infolge des Relativitätsprinzips geht es doch, für einen einzelnen Menschen: Anstatt die Zeit der Außenwelt zu verlangsamen, kann man auch die eigenen Bewegungsabläufe und damit die eigene (subjektive) Zeit beschleunigen. Das gelingt dem Forscher in *H. G. Wells* "Der neue Beschleuniger" (1901) durch eine Droge. Dabei schneidet Wells auch zwei Probleme an, ein technisches und ein soziales. Das technische Problem lautet: Durch die überschnellen Bewegungen des Drogengedopten erhitzt er sich so sehr, dass er bald zu einer lebenden Fackel werden könnte. Das soziale Problem liegt darin: Kriminelle würden die Droge benutzen, um unerkannt ihre Verbrechen begehen zu können. Als Ausgleich erfindet der Chemiker auch einen "Retarder" (Verlangsamer). Der "*wird es uns ermöglichen, in passiver Ruhe unendliche Kümmernisse und Beschwerden zu erdulden.*"

Murray Leinsters "The Eternal Now" (1944) knüpft direkt an Wells' neuen Beschleuniger an, der in der Erzählung auch explizit erwähnt wird. Leinster findet eine originelle Deutung der Einsteinschen Formeln, die da lauten: Je höher die Geschwindigkeit, desto schneller vergeht die Zeit, desto größer wird die Masse. Also umgekehrt: je kleiner die Masse, desto langsamer vergeht die Zeit. Der Professor findet eine Möglichkeit, die Masse von Objekten (auch von Menschen) durch Energieabgabe soweit zu reduzieren, bis die Zeit für die betreffende Person praktisch still steht. "*Wir leben hundert Millionen mal schneller als normal. Wir könnten hier [in New York, wo die Zeit scheinbar still steht] unser ganzes Leben verbringen, und draußen wäre nicht einmal eine Sekunde vergangen.*"

Der Anitheld der Erzählung "All Time in the World" ("Alle Zeit der Welt") von *Arthur C. Clarke* (1953) stiehlt im Auftrag einer schönen Frau, offenbar aus der Zukunft, unter dem Einfluss einer Zeit-Beschleunigungs-Maschine, wertvolle Gegenstände und Dokumente aus dem Britischen Museum. Der Grund: Die Menschheit lässt eine Superbombe explodieren, welche die ganze Erde vernichtet. Dabei setzt sie aber so viel Energie frei, dass eine Zeitreise aus der Zukunft möglich wird. Und die besagte Dame will die besten Dinge der Menschheit retten, denn die Erde ist nach dem Bombentest ein für alle Mal kaputt. Womit auch alle Zeitparadoxa entfallen, wie die Dame dem reichlich deprimierten Auftragnehmer erklärt: *"Sehen Sie, Ihre Welt hat keine Zukunft mehr, die zu ändern wäre."*

Die Zeit als vierte Dimension

Gleich zu Beginn der berühmtesten aller Zeitreisegeschichten, *H.G. Wells'* "Zeitmaschine" aus dem Jahr 1895, doziert der Zeitreisende:

Es gibt vier Dimensionen: drei, die wir die drei Ebenen des Raumes nennen, und eine vierte, die Zeit. Der Mensch neigt jedoch dazu, eine unrealistische Unterscheidung zwischen den drei ersten und der vierten Dimension zu treffen, weil sich sein Bewusstsein nun einmal von Anbeginn bis zum Ende seines Lebens mit Unterbrechungen entlang der vierten Dimension bewegt.

Damit hat Wells etwas gesagt, was uns erstaunlich zukunftsträchtig erscheint, da wir diese Auffassung auch heute noch teilen. Aber woher hat Wells die Idee, und wie breitete sie sich in der Wissenschaft aus?

Einer der ersten, die sich eine vierte Dimension als Zeitlinie vorstellten, welche die drei Dimensionen des Raumes erweitert, war der französische Enzyklopädist *Jean-Baptiste le Rond d'Alembert* (1717-1783). In Diderots berühmter Enzyklopädie aus dem Jahre 1754 schreibt er unter dem Stichwort "Dimension":

Ein schlauer Bekannter von mir glaubt, dass man eine Zeitspanne als vierte Dimension betrachten kann; diese Idee mag man kritisieren, aber sie besitzt meiner Ansicht nach einen gewissen Wert, und sei es, dass sie neu ist.

Hundert Jahre später vertrat der Psychologe, Physiker und Natur-Philosoph *Gustav Theodor Fechner* (1801-1887) eine ähnliche Idee. Er stellt sich einen Wicht vor, der auf eine Leinwand projiziert wird und sich keine weitere Raumrichtung vorstellen kann. Diese Figur lebt in zwei Dimensionen, doch die Bewegungen, die sie auf der Leinwand in der Zeit vollbringt, lassen sie eine weitere, zeitliche Dimension erkennen. In einer öffentlichen Sitzung vom 18. Mai 1849 zur Feier des Geburtstags Seiner Majestät, des Königs, führte Fechner unter anderem aus:

Ich nehme die Fläche, worin mein [zweidimensionales] Schein-männchen sich befindet, und führe sie durch die dritte Dimension hindurch, so erfährt das Scheinmännchen alles, was in dieser dritten Dimension ist. Freilich hat das Männchen niemals ein Stück der dritten Dimension auf einmal und glaubt also in jedem Augenblicke immer noch bloß in seinen zwei Dimensionen zu sein; es fasst von der ganzen Bewegung bloß das zeitliche Element und die vor sich gehende Änderung auf. Demgemäß sagt das Männchen: es gibt eine Zeit und in der Zeit ändert sich alles, auch ich selbst. (siehe Abbildung auf der nächsten Seite)

Hier propagiert Fechner das Blockuniversum des Determinismus:

Eigentlich ist alles, was wir erleben werden, schon da, und was wir erlebt haben, ist noch da; unsere Fläche von drei Dimensionen ist nur durch jenes schon durch und durch dieses noch nicht durch. Wenn also z. B. der Mensch zu Anfange Kind, zu Ende Greis, in der Mitte Mann ist, hat man sich vorzustellen, es erstrecke sich in die Richtung der vierten Dimension ein langer Balken hinein, der zu An-fange als Kind, zu Ende als Greis, in der Mitte als Mann gestaltet ist, von welchem Balken die drei Dimensionen im Fortschreiten im-mer so viel abschneiden, als in jedem Augenblicke in sie geht. ... Es gibt dann gar keine Bewegung mehr in dieser Welt.

Denn:

Fechners Zeitscheibendarstellung der Zeit als vierter Dimension: Der Autor dieses Buchs, auf zwei Dimensionen verdichtet und ausnahmsweise gut gelaunt, bewegt sich in der Zeit (von links nach rechts) wie sonst im Raum. Jede Scheibe ist ein zeitlicher Ausschnitt aus seiner Existenz.

Alles Brot ist dem Menschen schon gebacken, was er essen wird, er braucht nicht einmal den Mund aufzumachen es zu essen, er findet ihn schon aufgemacht vor. Das Geld, was Jemand einnehmen wird, liegt schon aufgezählt da, und wird nur im Durchstreichen der drei Dimensionen eingestrichen. Kurz, der Mensch kann künftig das bequemste Leben von der Welt führen; er kommt immer dahin, wohin er kommen muss.

Und er nimmt sogar das vierdimensionale Raumzeitkontinuum von Minkowski/Einstein vorweg:

Um die Gestalten des Raums mit vier Dimensionen zu berechnen, hat er bloß nötig, seine Variable t als vierte Raumkoordinate zu betrachten.

Der nächste war ein britischer Mathematiker. *Charles Howard Hinton* (1853-1907) wurde bekannt für seine Arbeit an Methoden zur Visualisierung der Geometrie von höheren Dimensionen. Als Autor ist sein Einfluss auf H. G. Wells deutlich zu erkennen. In dem Artikel "What is the fourth dimension?" ("Was ist die vierte Dimension?", 1880), bezeichnet Hinton die Zeit als vierte Dimension.

Ein weiterer Einfluss für Wells waren die Abenteuer eines Quadrats (englisch "square", was auch "verschrobener Kerl" bedeuten kann) in der zweidimensionalen Welt "Flatland" (1884) des englischen Theologen *Edwin Abbott Abbott*. Zwar wollte Abbott kein Buch über Mathematik schreiben, sondern eine Satire über viktorianische Sitten und Gebräuche. Doch die Beschreibung des Einbruchs von Lebensformen einer höheren Dimension (hier also der dritten) in die Welt zweidimensionaler Wesen faszinierte die Menschen so, dass auf diesen Versuch noch viele andere folgten. 1937 schrieb Wells in einem Brief an J. B. Priestley, dass er durch Abbotts "Flatland" auf die Spur der vierten Dimension gebracht worden war.

Als erster Wissenschaftler erwog der französische Gelehrte *Henri Poincaré* 1905 die Möglichkeit, dass die Effekte von Raumstauchung und Zeitdehnung (wissenschaftlicher Name: Lorentztransformation) eine Rotation in einem vierdimensionalen Raum darstellen könnte, wobei Poincaré die drei Raumdimensionen um die (in einen Raum verwandelte) Zeit zu einem vierdimensionalen Raum-Zeit-Kontinuum erweiterte. Der deutsche Mathematiker *Hermann Minkowski* benutzte 1907 diese Idee in seiner mathematischen Neuformulierung der Einsteinschen Relativitätstheorie. Einstein selbst fand die Sache erst einmal nicht so toll: zu abstrakt und überflüssig. Später hat sie ihm aber bei seiner neuen Theorie ("Allgemeine Relativitätstheorie") gute Dienste geleistet - eine Theorie, deren Formeln explizit Zeitreisen ermöglichen. Und deswegen gibt es die Idee der Zeit als vierter Dimension auch heute noch.

(2) Vergangenheit, Gegenwart, Zukunft

Viele große und weniger große Denker haben sich mit dem Phänomen der Dreiteilung unserer Erfahrung auseinander gesetzt. Die Definition des *Heiligen Augustinus,* auch *Aurelius Augustinus* oder *Augustinus von Hippo* genannt (354 - 430) haben wir im ersten Kapitel schon erwähnt:

In der Gegenwart werden die Zukunft, die an sich noch nicht ist, und die Vergangenheit, die an sich nicht mehr ist, im Geiste sichtbar.

Interessant seine Überlegungen zu einem Zeitfluss:

Die Zeit kommt aus der Zukunft, die nicht existiert, in die Gegenwart, die keine Dauer hat, und geht in die Vergangenheit, die aufgehört hat zu bestehen.

Bei Augustinus fließt die Zeit also umgekehrt, von der Zukunft in die Vergangenheit. Andere Autoren meinen, nicht die Zeit fließe, sondern unser Bewusstsein:

"Die Zeit ist nur ein leerer Raum, dem Begebenheiten, Gedanken und Empfindungen erst Inhalt geben." meinte *Wilhelm von Humboldt* (1767 - 1835).

Friedrich Schiller (1759 - 1805) sagt, was wir alle fühlen:

"Dreifach ist der Schritt der Zeit: Zögernd kommt die Zukunft herangezogen, pfeilschnell ist das Jetzt entflogen, ewig still steht die Vergangenheit."

Eine besonders boshafte Definition liefert der amerikanische Satiriker *Ambose Bierce* (1842 - 1914) in seinem "Wörterbuch des Teufels". Dort steht:

<u>*Vergangenheit,*</u> *subst.fem. Jener Teil der Ewigkeit, von dem uns bedauerlicherweise ein kleiner Bruchteil oberflächlich bekannt ist. Eine bewegliche Linie namens → Gegenwart trennt sie von einer imaginären Periode namens → Zukunft. Diese beiden Abteilungen der*

Ewigkeit, von denen die eine ständig die andere auslöscht, sind sich einander völlig unähnlich. Die eine ist dunkel vor Sorgen und Enttäuschung, die andere heil vor Wohlergehen und Freude. Die Vergangenheit ist das Reich der Seufzer, die Zukunft das Reich des Gesangs. In der einen kauert die Erinnerung, angetan mit Sacktuch und Asche, und murmelt ein Bußgebet; im Sonnenschein der anderen fliegt die Hoffnung auf freien Schwingen und lockt zu Tempeln des Erfolgs und Gemächern des Seelenfriedens. Doch ist die Vergangenheit die Zukunft von gestern, die Zukunft die Vergangenheit von morgen. Sie sind eins - das Wissen und der Traum.

Gegenwart, subst.fem. Jener Teil der Ewigkeit, der den Bereich der Enttäuschung von jenem der Hoffnung scheidet.

Zukunft, subst. fem. Jene Zeit, in der unsere Geschäfte gut gehen, unsere Freunde treu sind und unser Glück gesichert ist.

Aber in Wirklichkeit ist die Sache doch ganz einfach, oder? Gestern war vor heute, heute ist vor morgen. Vorgestern liegt noch ein bisschen weiter zurück, und was heute morgen ist, wird morgen heute. Alles klar? Nicht bei dem Münchner Sprachphilosophen *Karl Valentin*. Mit seiner Partnerin Liesl Karlstadt beginnt er ein harmloses Gespräch über die gestrige Zeitung, die ein Kunde unbedingt haben wollte. Dabei verknäuelt sich die einfache lineare zeitliche Ordnung unserer sprachlichen Begriffe in unauflösliche gedankliche Knoten:

MANN: Du, Frau, hat der Mann, der heute die gestrige Zeitung kaufen wollte, die Zeitung schon bekommen?
FRAU: Dem hab ich's schon gegeben.
MANN: Die gestrige?
FRAU: Nein, die heutige.
MANN: Ach! Der wollte doch die gestrige haben.
FRAU: Die gestrige hab ich nicht gehabt, dann hab ich ihm die heutige gegeben.
MANN: Wann?
FRAU: Heute. Die gestrige hab ich ihm für morgen versprochen.

MANN: Ich auch; dann brauchst Du ihm die gestrige nicht besorgen, weil ich ihm dieselbe besorge.
FRAU: Die gestrige können wir ihm beide nicht mehr besorgen, weil die Redaktion keine mehr hat. Dann muss halt der Mann eine vorgestrige nehmen!
MANN: Eine vorgestrige wird dem Mann doch nichts nützen.
MANN: Vielleicht steht das, was er sucht, in der morgigen Zeitung.
FRAU: Die morgige gibt's doch heute noch nicht!
MANN: Aber morgen gibt's die heutige.
FRAU: Aber der Mann will doch die gestrige!
MANN: Du verstehst mich nicht. Sagen wir, der Mann wäre erst morgen gekommen und hätte die gestrige Zeitung wollen, dann wäre die heutige Zeitung die gestrige gewesen, und die gestrige die vorgestrige. In Wirklichkeit aber wäre die vorgestrige die gestrige gewesen; hast Du das verstanden?
FRAU: Nicht im geringsten!

Hoffentlich geht es Ihnen nicht auch so, denn jetzt muss wieder gedacht werden.

Auffassungen von "Zeit"

Es gibt drei Auffassungen von der Dreiteilung der Zeit, die wir grafisch darstellen. Die erste Auffassung entspricht den Schillerschen Worten:

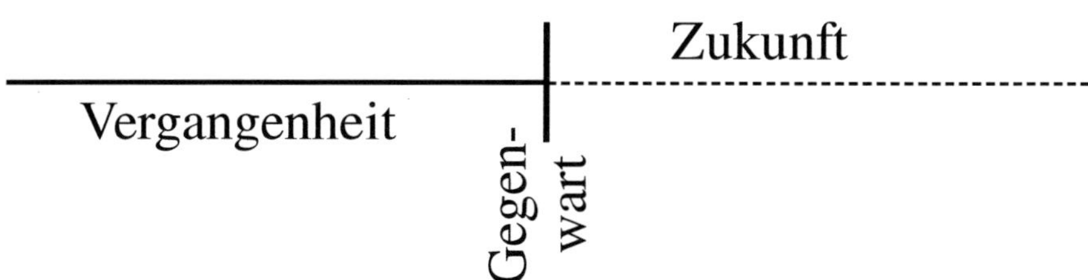

Subjektive Zeit: feste Vergangenheit, scharfe Gegenwart, unbestimmte (gestaltbare) Zukunft

So erleben wir die Zeit, aber damit kann ein Physiker wenig anfangen, denn wo ist in der unbelebten Natur die scharfe Grenze zwischen Gegenwart und den anderen Zeit-Feldern? Der Physiker bevorzugt das Einstein-Minkowskische Blockuniversum, das so aussieht:

Objektive Zeit: kein Unterschied zwischen Vergangenheit, Gegenwart, und Zukunft. Alles "ist" bereits.

Dies ist strengster Determinismus, der sowohl den freien Willen verbietet als auch Zeitreisen (und im übrigen den Interpretationen der Quantenphysik widerspricht). Also schlagen wir eine dritte Variante vor, die so aussieht:

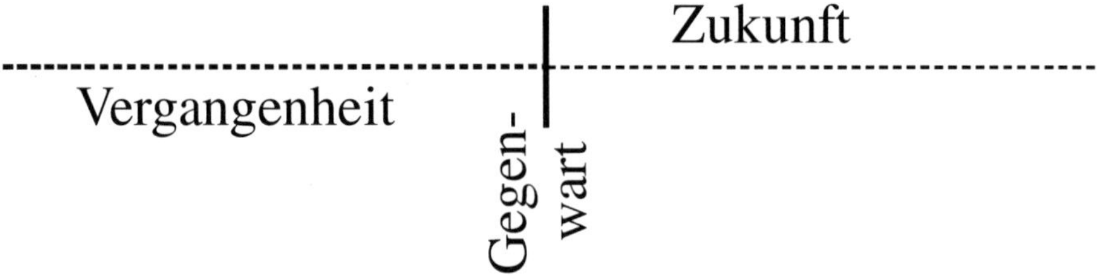

Zukunft

Vergangenheit

Gegen-wart

Quantenzeit: kein Unterschied zwischen Vergangenheit, Gegenwart, und Zukunft. Alles ist unbestimmt; nur Messungen bringen Sicherheit - in der Vergangenheit.

Aber, so wird man einwenden: Die Vergangenheit <u>ist</u> schließlich, wir kennen sie, sie kann nicht geändert werden. Ob sie "ist" (oder war?), wissen wir nicht, genauso wenig, ob sie geändert werden kann. Zumindest gibt es den Versuch der "verzögerten Entscheidung" aus der Quantenphysik, der am besten durch einen Beeinflussung der Vergangenheit aus der Zukunft erklärt werden kann. Und ob wir die Vergangenheit wirklich kennen, daran bestehen Zweifel. Sicher, wir haben Aufzeichnungen, aber stimmen die? Dokumente aus dem Früh- und Hochmittelalter sind aus politischen Gründen bis zu 90% Fälschungen. Jesus ist eine mythologische Gestalt, möglicherweise eine Komprimierung verschiedener Heilsbringer. Der Islamwissenschaftler *Karl-Heinz Ohlig* bezweifelt, dass es Mohammed je gegeben hat. Andere meinen, Karl der Große sei ein Mythos. Über sein Leben gibt es nur eine Biographie, und die ist nach den Biographien der römischen Kaiser gestaltet.

Und wie steht es mit Ihrem eigenen Gedächtnis? Richtet es sich tatsächlich immer, wie es soll, in die Vergangenheit, oder ist manchmal auch Wunschdenken dabei - sprich: Erinnern Sie sich an die Zukunft? Die Weiße Königin aus *Lewis Carrolls* "Alice hinter den Spiegeln" lebt rückwärts in der Zeit. In einem Gespräch mit Alice entspinnt sich folgender Dialog:

"Mein Gedächtnis reicht nur rückwärts", bemerkte Alice. "Ich kann mich nie an etwas erinnern, bevor es geschieht."

In den USA gab es eine zeitlang eine gefährliche Modeerscheinung innerhalb der Psychiatrie: Verschüttete Erinnerungen an Missbrauch in der Kindheit kamen plötzlich zum Vorschein, die entsprechenden Missetäter (Väter und Stiefväter) wurden daraufhin verurteilt. Bis einige mutige Psychologen der Sache nachgingen und feststellten: Es war alles Suggestion. Also: Wie zuverlässig ist das persönliche Gedächtnis?

Dazu kommt, dass die Definition der subjektiven Gegenwart schwierig wird. Sie kann nicht "unendlich dünn" sein, das geht nur in der Mathematik. Drei Sekunden hält sie aber auch nicht an, das wäre viel zu lange. Versuche an Rechnern haben gezeigt, dass der Mensch immer gleichzeitig in der (unmittelbaren) Vergangenheit und in der (unmittelbaren) Zukunft lebt. Eine Gegenwart gibt es nicht. Vergangenheit: Wir brauchen einige Zeit, um uns Vorgänge und Bewegungen bewusst zu machen (ca. 1½ Sekunden). Das ist viel zu lange für eine sinnvolle oder gar lebensrettende Reaktion. Also projiziert das Gehirn Bewegungen in die Zukunft, es prognostiziert, was kommen wird. Natürlich stimmen diese Prognosen nicht immer mit der Wirklichkeit überein, weswegen sie ununterbrochen korrigiert werden.

Zurück zu Vergangenheit, Gegenwart und Zukunft. Weil alle drei vorgestellten Auffassungen in ihrer Aufeinanderfolge unbefriedigend sind, schlage ich hier eine andere Möglichkeit vor: die **Kristallisationstheorie** der Zeit. Dabei ist die Zeit weder fest noch unbestimmt, sondern in einem ständigen Prozess der Verfestigung (= Kristallisation) begriffen. Je weiter die Vergangenheit von der Gegenwart entfernt liegt, desto unbestimmter, desto wandelbarer ist sie. Gleiches gilt natürlich auch für die Zukunft.

Kristallisationstheorie der Zeit*: Vergangenheit und Zukunft sind 'plastisch'; sie können umso leichter verformt (geändert) werden, je weiter sie von der Gegenwart entfernt sind.*

Das bedeutet: Die unmittelbare Vergangenheit ist am festesten und kann am wenigstens geändert werden. Die unmittelbare Zukunft lässt Möglichkeiten offen, aber nicht sehr viele. Je weiter wir in der Zeitachse vorrücken - egal, in welcher Richtung - , desto formbarer wird das bereits Geschehene oder noch zu Geschehende. Die ferne Vergangenheit ist ebenso unbestimmt wie die (nicht ganz so ferne) Zukunft. Was aber immer noch nicht erklärt, warum es einen Einschnitt namens "Gegenwart" gibt und wie die Vergangenheit von der Zukunft her beeinflusst oder gar geändert werden kann.

(3) Der Fluss der Zeit

Unser unmittelbarstes Erlebnis der Zeit liegt in dem Gefühl, die Zeit fließe unerbittlich von der Vergangenheit in die Zukunft. Wir können sie nicht aufhalten, nicht verlangsamen, nicht beschleunigen, und schon gar nicht umkehren. Das meinte auch Isaac Newton, als er die "absolute Zeit" in die Naturphilosophie (sprich: Physik) einführte. Sie sei unbeeinflussbar und schreite gleichmäßig fort; sie könne allerdings vom Menschen nicht direkt wahrgenommen werden.

Nun werden manche einwenden: Aber bei Einstein könne sich die Zeit doch dehnen, jedenfalls bei hohen Geschwindigkeiten. Doch diese Zeitdehnung oder -dilatation ist eine Illusion, wie schon das Zwillings-Paradoxon zeigt, das kein Paradoxon ist, sondern ein handfester und bis heute ungelöster Widerspruch. Angebliche Experimente, welche diese Zeitdehnung bestätigen sollen, sind technisch zweifelhaft und logisch unmöglich. Außerdem: Selbst wenn es eine solche Zeitveränderung gäbe, läge darin keine Möglichkeit, die Zeit willentlich zu beeinflussen. Zeitreisen sind mit Einsteins Spezieller Relativitätstheorie nicht möglich.

Immerhin: Einstein hat, wohl zum ersten Mal, in seiner "Allgemeinen Relativitätstheorie" einen kühnen philosophischen Schritt gewagt: Der Raum ist bei ihm nicht mehr nur passiver Behälter für Dinge, die in ihm schweben: er ist aktives Agens, denn seine Krümmung beeinflusst Materie, Energie und Kräfte. Der Raum ist keine Beschreibungskategorie, sondern eine Art Substanz. Den gleichen Schritt, jetzt aber in Bezug auf die Zeit, hat der russische Physiker *Nikolai Alexandrowitsch Kosyrew* (auch "Kozyrev" geschrieben) (1908 - 1983) gewagt: Die Zeit ist nicht mehr nur eine passive Beschreibungskategorie, sondern eine aktive Substanz, die verdickt, verdünnt, vernichtet oder neu geschaffen werden kann. Vor allem: Sie ist ein <u>Fluss</u>.

Die Zeit als aktiver, physikalisch messbarer, die Umwelt beeinflussender, von ihr beeinflussbarer Strom - eine tolle Idee. Kosyrew hat sie in einer Reihe einfacher Experimente mit asymmetrischen Torsionswaagen und Gyroskopen zu beweisen versucht. Dabei beginnt er seine Überlegungen damit, wie wir die Zeit und ihre Richtung überhaupt definieren können. Dazu nimmt er die einfachste und wichtigste Beziehung in der gesamten Naturwissenschaft: die Kausalität. Wenn A die Ursache für B ist, dann liegt der Zeitpunkt des Ereignisses A <u>vor</u> dem Zeitpunkt des Ereignisses B. So kann die Richtung der Zeit festgelegt werden - vorausgesetzt, wir glauben nicht an einen Einfluss der Zukunft auf die Vergangenheit! (siehe vorheriges Kapitel). Es gibt nun eine Minimalzeit für die Übertragung kausaler Einflüsse, sprich: Impulse. Auf etwas obskure Weise berechnet Kosyrew die Geschwindigkeit der kausalen Minimalübertragung zum Wert von 2200 km/sec, das ist weniger als 1 % der Lichtgeschwindigkeit.

Weiter geht Kosyrew davon aus, dass die Zeit Spuren hinterlässt, aber nur bei Drehungen - deshalb auch die Experimente mit Gyroskopen (Kreiseln). Die bevorzugte Zeitrichtung - von der Vergangenheit in die Zukunft, von der Ursache zur Wirkung - entsteht durch eine Drehungs-Asymmetrie des Raums. Davon zeugen alle Formeln der Physik, in denen Magnetismus vorkommt, denn Magnetismus entsteht unter anderem durch den Spin - das Kreiseln um die eigene Achse - von Elektronen. Dieses Kreiseln hat im dreidimensionalen Raum eine Vorzugsrichtung.

Zudem verdichten Systeme, welche Ordnung schaffen, die Zeit in sich selbst, sie saugen also Zeit an, während sie bei Systemen, die ins Chaos driften, ebenso verrinnt und verschwindet. Wer also etwas gestaltet und aus dem Nichts Strukturen erschafft - wie alle Lebewesen - der sammelt Zeit und verdichtet ihren Strom in seinem Innern. Wer die Dinge treiben lässt - wie die Natur - der verliert Zeit, und das ganz wörtlich. Durch spezielle Materialien (z.B. Aluminium) kann Zeit in einer Art Käfig sogar gesammelt und verdichtet werden, was ein wenig an Wilhelm Reichs "Orgon-Akkumulator" erinnert. Aber die Russen haben es schon immer geschafft, physikalische Exaktheit mit esoterischen Vorstellungen zu kombinieren.

Kosyrew entdeckte sogar das, was in der SF-Literatur als **Zeitschleifen** bekannt ist: Ein Prozess verläuft, scheinbar ohne Ursache, immer wieder im Kreis. Solche isolierten, zeitlosen Vorgänge sind für ihn thermodynamisch reversible Prozesse, also solche, in denen keine Energie (durch Wärme oder durch Reibung) verloren geht, und die sich perpetuum-mobile-haft ewig wiederholen.

Hat die Zeit indes Flusseigenschaften, könnten wir ein paar Überlegungen anstellen, die Physiker bezüglich Strömungen entwickelt haben. Die erste Frage lautet: Wie schnell fließt die Zeit, und im Vergleich wozu? Die Frage scheint sinnlos, denn die Zeit fließt mit der Geschwindigkeit von einer Sekunde pro Sekunde. Doch das muss nicht sein. Stünde die Zeit still, während das Bewusstsein uns den Fluss der Zeit vorgaukelt, dann wäre die Zeitgeschwindigkeit null. Wäre die Zeit dagegen allgegenwärtig und überall gleich (wie es Newton und Einstein in seiner Allgemeinen Relativitätstheorie voraussetzen), dann hätte sie die Geschwindigkeit unendlich. Tatsächlich ist ihre Geschwindigkeit, wie schon erwähnt, endlich.

Wir alle kennen das Bernoulli-Gesetz für Strömungen aus der Anschauung: Verengt sich ein Flussbett, strömt Wasser schneller, denn der Fluss als ganzer kann nicht abreißen. Übertragen wir dieses Gesetz auf unsere Wahrnehmung der subjektiven Zeit, dann finden wir Analogien. Unser Bewusstsein - das Strombett der Zeit - verengt sich dann, wenn wir uns ganz auf eine Sache konzentrieren. Und dabei vergeht die Zeit im Nu. Umgekehrt: Je weniger zielorientiert wir handeln - wenn wir also einfach herumlungern - dann vergeht die Zeit unendlich langsam, bis sie bei tiefer Bewusstlosigkeit (Koma) zum Stillstand kommt und unter dem Einfluss psychedelischer Drogen zum turbulenten Strom entartet oder gar rückwärts läuft.

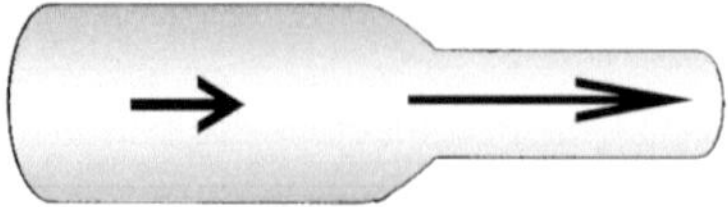

*Bernoullisches Gesetz: Verengt sich das Flussbett, wird die Strö-
mung schneller*

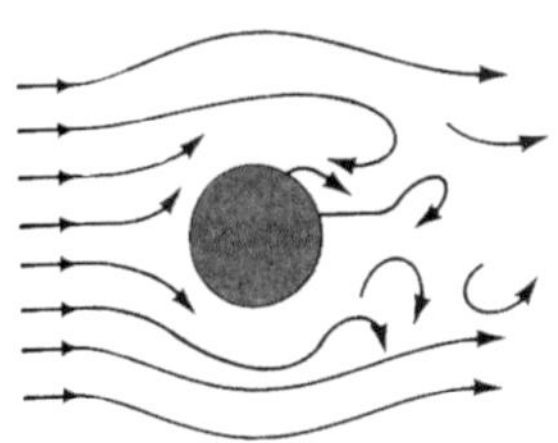

*Strömung um ein Hindernis: Es bilden sich Turbulenzen, und hinter
dem Hindernis fließt der Fluss sogar in Gegenrichtung.*

Wenn Kosyrew recht hat, was könnten wir daraus lernen? Zum Beispiel dies: Ist Ihnen vielleicht auch schon aufgefallen, dass es Menschen gibt, die viel arbeiten, viel schaffen, dennoch immer Zeit haben, nie unter Stress stehen und sich auch den Mitmenschen wid-
men? Ihr Verhalten wird durch Kosyrews Thesen erklärbar: Sie saugen Zeit aus der Umgebung, bei ihnen ist der Zeitstrom dichter, sie
haben ganz wörtlich mehr Zeit, indem sie die vorhandene Zeit so intensiv nutzen. Das Gegenteil kennen Sie sicher auch: Menschen, die
nichts zu tun haben, nichts tun, sich aber immer beklagen, sie hätten
keine Zeit (wie z.B. Rentner - etwa der Verfasser dieses Buchs!).
Nach Kosyrew verdünnt sich bei diesen Personen der Zeitstrom, sie
verlieren Zeit, und sie haben durch ihr Nichtstun tatsächlich weniger
Zeit zur Verfügung.

Es gibt sogar einen (ziemlich schlechten) SF-Roman, der in der Reihe "Utopia Kleinband" des Pabel-Verlags ca. 1955 erschienen war
und der die Kosyrewsschen Ideen der Zeitverdichtung und -
verdünnung vorausgenommen und durch grauenhafte Erlebnisse von
Mondfahrern illustriert hat. In dem Roman "Weiße Hölle Mond" des

Jim-Parker-Autors Alf Tjörnsen finden die unglücklichen Raumfahrer Steine auf dem Mond, die sie unaufhaltsam und beschleunigt altern lassen. Einer der Überlebenden schildert deren Eigenschaften so: *"Die 'Zeit-Magneten' nenne ich sie. Sie halten ein 'Zeit-Feld', genauso, wie ein Magnet ein magnetisches Feld hält. Wenn nun irgendwelches Leben oder eine mechanische Bewegung in den Bereich dieses konzentrierten 'Zeit-Feldes' kommt, beginnen die Steine, dieses Feld freizugeben. Es ist dann so, als ob ein Magnet in Feuer aufgeht und seinen Magnetismus abgibt. Nun kommen jene 'Zeit-Felder' aus den Steinen heraus."* Und die Erklärung dafür: *"Der Mond kann gar nicht mehr älter werden! Der größte Teil des Alters und der Zeit, die sich in den Steinen aufhalten (und deshalb, weil der Mond ja nicht mehr älter werden kann, in die Steine gehen) wird also aufgehoben. Diese Zeit hat uns an einem Tag zu alten Männern gemacht und wir sterben am Alter."* Der Mond hat durch seine Untätigkeit praktisch ein Zeit-Vakuum erzeugt, in welches die Zeit der lebendigen Raumfahrer hineingesogen wird.

Der Zeitstrom könnte auch umgelenkt werden, z.B. in die Vergangenheit. Damit wären nach Kosyrew zwar keine Zeitreisen möglich, wohl aber Botschaften in die Vergangenheit - oder aus der Zukunft! Der SF-Autor *James Blish* hat diese Idee mit seinem "Dirac-Radio" in der Erzählung "Störgeräusch" (Beep, 1954) physikalisch korrekt und menschlich spannend umgesetzt.

Der Zeitstrom könnte vor allem beschleunigt oder verlangsamt werden, bis zum Stillstand. Beispiele dafür aus der Science-Fiction:

<u>Zeitverlangsamung</u>:

David J. Masson: Ablösung (1965). In: "Die Fußangeln der Zeit" (Der Krieg währt ewig; je weiter vom Kriegsschauplatz entfernt, desto langsamer fließt die Zeit)

Peter Schattschneider: Am Anfang war die Kraft (1984). In: "Singularitäten" (Zeitverlangsamung durch Schwarze Löcher)

<u>Zeitbeschleunigung = Zeitstillstand:</u>

H. G. Wells: Der neue Beschleuniger (1901). The Strand Magazine. (Biologische Zeitbeschleunigung durch Drogen: Die Umwelt steht still)

Murray Leinster: The eternal now (1944). Thrilling Wonder Stories (wie bei H.G. Wells)

Arthur C. Clarke: Alle Zeit der Welt (1961). In: "Die andere Seite des Himmels"

Peter Schattschneider: Zeitstopp (1982). In: "Zeitstopp"

<u>Zeitdehnung</u>*:*

Paul van Herck: Framstag Sam. Heyne 1981 (Zeit-Einschübe zwischen Freitag und Samstag; später sogar zwischen Donnerstag und Freitag)

<u>Zeitumkehr</u>*:*

F. Scott Fitzgerald: Der seltsame Fall des Benjamin Button (1922) (auch verfilmt) (Satire)

Frederic Brown: Das Ende (1961). In: "Nightmares and Geezenstacks"

Ian Watson: Die sehr langsame Zeitmaschine (1978). In: "Die Fußangeln der Zeit" (realistische Darstellung der Kommunikationsprobleme)

Peter Schattschneider: Die Jez'r-Fragmente (1984). In: "Singularitäten" (Zeitumkehr + Personenverdopplung durch ein Schwarzes Loch)

(4) Wie die Zeit entstanden ist

Stell dir vor, es gibt keine Zeit ... aber sie kommt. Und zwar nicht ganz plötzlich im Urknall oder durch Gottes Hand (was auf das Gleiche herausläuft), sondern allmählich, durch Handlungen, Vernetzungen, Prozesse. Der australische Physiker *Reginald T. Cahill* von der Flinders University in Adelaide (Australien) erklärt die Zeit durch das, was sie ausmacht: Aktionen. Bei ihm indes sind die Aktionen primär, die Zeit ergibt sich erst aus ihnen. Seine These, die er "Prozessphysik" nennt, hat nicht die Verbreitung gefunden, die ihr zustünde. Erstens wirkt Cahill "down under": Er arbeitet dort, wo normalerweise Kängurus herumhüpfen. Und zweitens - viel schwerwiegender - hat er einige Aspekte der Einsteinschen Theorien angegriffen und aufgezeigt, dass sie zu unsinnigen und unlogischen Folgerungen führen. Dafür gebührt ihm der Ausschluss aus der Gemeinde ernst zu nehmender Gelehrter. Denn auch in der Physik gibt es Heilige, nicht nur in der katholischen Kirche.

Cahills Welt beginnt mit einsamen Einzellern, von Leibniz vor Urzeiten "Monaden" genannt, die allein durchs All schweben und abgeschlossene Welten bilden. Weil hier nichts tickt (wie eine Pendeluhr) und sich auch nichts verändert (wie die Menge Sand in einer Sanduhr), ist der Begriff "Zeit" sinnlos: ohne Schwingung oder Veränderung keine Zeitmessung, mithin (nach Einstein) auch keine Zeit.

Cahills Urbestandteile der Welt (über deren Beschaffenheit er sich nicht näher auslässt) fangen nun langsam an, einander zu erkennen, miteinander zu kommunizieren, Netze aufzubauen, Informationen auszutauschen. Sein Vorbild für diese Vorgänge sind die Wachstumsprozesse im Gehirn von Neugeborenen. Deswegen knüpfen seine mathematischen Modelle an diejenigen der "neuronalen Netze" an. Bemerkenswert die Grundformel seiner Welt: In ihr kommen Verknüpfungs-Wahrscheinlichkeiten vor, nicht aber die Zeit!

$$\boxed{B_{ik} \rightarrow B_{ik} - a \odot (B + B^{-1}) + w_{ik}}$$

Cahills "Weltformel" mit Wahrscheinlichkeiten, Verbindungen, Selbstbezüglichkeit und Rauschen - aber ohne Zeit!

i,k: Monaden (Pseudo-Objekte, Ur-Atome)
B_{ik}: Verbindungen zwischen den Monaden
$\rightarrow$: wird ersetzt durch (dynamischer Prozess)
a: Faktor der Selbstorganisation
B : Matrix der Verbindungen = Information = Ordnung (anfangs ≈ 0)
B^{-1}: Selbstbezug der Information
w_{ik}: Zufall ("selbstbezügliches Rauschen")

In Cahills Modell ist die Zeit ein Prozess, der erlebt wird. Die Vergangenheit besteht aus den bisher gewachsenen Strukturen. Die Gegenwart ist der Augenblick, von dem aus eine neue Runde des Wachstums und der neuen Beziehungen startet. Die Zukunft ist unbestimmt und nicht vorausberechenbar. Seine These ähnelt also unserer "Kristallisationstheorie der Zeit", denn in der Vergangenheit gewachsene Beziehungen können sich wieder auflösen - auch die Vergangenheit wird langsam unbestimmt.

Mit dem Begriff "Zeit" verbinden wir immer zwei andere Begriffe: erinnern (Vergangenheit) und fantasieren (Zukunft), also Gedächtnis und Träume. Eine Entsprechung finden wir auch bei Cahill, wie er durch Computersimulationen herausfand (eine Vorausberechnung der Zukunft auf Grund seiner Formel ist nicht möglich!). Manche Monaden strecken zögernd ihre Arme aus, finden befreundete Monaden und bilden mit ihnen eine kleine Gemeinschaft. Andere Monaden finden Gefallen daran und schließen sich an. So bilden sich Netzwerke, die lange Zeit Bestand haben. Andere Netzwerke entstehen und vergehen, konkurrieren mit vorhandenen Strukturen oder kooperieren mit ihnen. Mitglieder dieser Freundschaftsbeziehungen erkennen einander, besitzen eine Art Gedächtnis, und wenn es dem einen schlecht geht, fühlen andere mit. Mit anderen Worten: Das Weltall *ist* nicht, es *entsteht*. Und mit ihm die Zeit - und der Raum, die Welt, das Bewusstsein. Doch das ist eine andere Geschichte.

Zeitreisen

Wir betreten jetzt ganz offiziell das Reich der Fantasie, sprich: der Science Fiction. Und weil Science Fiction von SF-Erzählungen und -konzepten lebt, will ich gleich zu Beginn (in Analogie zu Isaac Asimov) aus der *Enzyklopaedia Galactica* zitieren:

"<u>Zeitreise</u>, auch *Zeitumkehr* oder *Zeitspiegelung* genannt, die Vorstellung, man könne mit Hilfe einer *Zeitmaschine* in seine eigene Vergangenheit oder Zukunft reisen, wobei gewisse paradoxe Erscheinungen (→ Zeitparadoxa) auftreten sollen. Die uns heute naiv anmutenden Ansichten entstanden zu Beginn der ersten demographischen Übergangsperiode und wurden zuerst innerhalb der Wissenschaftsdisziplin → *Science Fiction* exakt formuliert (die Science Fiction war zu dieser Zeit allerdings noch nicht als Wissenschaft anerkannt). Es handelt sich bei diesem Gedanken um einen sekundären Archetyp nach der → *Imagotheorie* der psychodynamischen Erscheinungen. In gewisser Weise ähnelt die Vorstellung der Z. einem anderen archaischen Bewegungsbild, welches in der Zeit des Sozialchaos zu einem Primärfaktor vorwissenschaftlicher Betätigung wurde, nämlich dem Wunsch nach der Umwandlung eines "unedlen" (leicht zugänglichen) Metalls in ein "edles", vornehmlich Gold. Der dahinter steckende soziale Beweggrund lag in der Annahme, durch hinreichende Mengen dieses Buntmetalls die sozialen und wirtschaftlichen Probleme der Zeit lösen zu können. Die Geschichte der iberischen Staaten (die diesen Wunschtraum nach Eroberung der Neuen Welt auf andere Weise realisieren konnten) hat auf deutliche Weise die Unsinnigkeit solcher Annahmen gezeigt. Etwa ein halbes Jahrtausend später war die Goldtransmutation in Atommeilern möglich geworden, wenn auch der technische Aufwand im Vergleich zum Resultat erheblich war. Inzwischen hatten sich aber die Zeitvorstellungen so gewandelt, dass das Interesse an diesem angeblichen Allheilmittel weitgehendst erloschen war.

Die Idee der Zeitreise hat eine ähnliche Entwicklung durchgemacht. Man hatte gedacht, durch Zeitreisen in die Vergangenheit historische Veränderungen der Gegenwart durchführen zu können, wie sie heute durch moderne → Sozialtechniken erreicht werden. Immerhin war die Beschäftigung mit Zeitreise-Problemen Ausgangspunkt für einige (zuerst nur philosophisch formulierte) Fragestellungen, die als Keimzellen für mehrere Wissenschaften betrachtet werden können (→ Historiokinetik, → Quantensoziodynamik, Theorie der psychischen → Identitätsklassen und der → Schizokosmen).

"<u>Zeitparadoxa</u>, auch als <u>Kausalitätsumkehr</u> oder <u>Schwarzschild-Rosental-Effekt</u> bezeichnete Phänomene, die bei Überkreuzung einer Weltlinie mit sich selbst (was als → Zeitreise in die Vergangenheit interpretiert werden kann) auftauchen. Wie Rosental zeigen konnte, können bei bestimmten Anfangsbedingungen bei der Initialisierung des Universums lemniskatenartige (d.h. doppelt verschlungene und einander kreuzende) Weltlinien entstehen, die eine scheinbare Bestätigung der Annahme von Zeitreisen darstellen. Wie Rosental jedoch weiter zeigen konnte, ist in diesen Fällen eine Singularität zweiter Stufe vorhanden, sodass ..."

"<u>Zeit</u>, physikalische Größe, die lange Zeit als Skalar betrachtet wurde und von der angenommen wurde, dass sie von niederen zu höheren Werten "fließt", obwohl dieser Fluss im Bereich mikrophysikalischer Effekte umgekehrt werden kann (→ CPT-Theorem). Erst das Konzept der → Parallelwelten und dessen systematische Erforschung brachte eine Änderung in der Auffassung von Zeit. Heute wird in den meisten physikalischen und psychologischen Theorien die Zeit als zweidimensionaler Vektor aufgefasst, wobei die erste Dimension dem üblichen Zeitverlauf entspricht, die zweite Dimension zur Charakterisierung der einzelnen Parallelwelten dient. - Eine Operationalisierung der Zeit, wie sie zur Beschreibung von Quanteneffekten wünschenswert wäre, ist bis heute nicht zufriedenstellend geglückt, jedoch ..."

(Auszüge aus der *Enzyklopaedia Galactica*, 7. Auflage, 234. Zyklus orthochroner Zeitrechnung)

Zeit und Schicksal

Welche Möglichkeiten gibt es, unser Schicksal zu gestalten, speziell: durch eine Zeitreise die Vergangenheit zu verändern? Konkret: Wenn man die Zukunft kennt, kann man sie dann ändern? Drei Auffassungen stellen wir hiermit vor, wobei (1) (Determinismus) und (3) (Parallelwelten) keine Zeitparadoxien kennen, wohl aber (2) (Veränderbare Vergangenheit).

Hier sind die verschiedenen Auffassungen schematisch dargestellt:

Auffassung	*Physik*	*Namen*	*Zeitpfeil*
Determinismus	Mechanik (17. Jhd), Relativitätstheorien (1905)	*Newton* *Einstein/ Minkowski*	nicht vorhanden
Veränderbare Vergangenheit	statistische Thermodynamik (um 1900), Chaostheorie (um 1900)	*Boltzmann* *Poincaré*	durch Entropie durch Regelkreis
Parallelwelten	Quantenphysik: Vielwelten-Interpretation (1957)	*Hugh Everett* *David Deutsch*	nicht vorhanden

Determinismus

Legt man das Blockuniversum von *Einstein/Minkowski* zugrunde, bleibt als Einstellung zum Schicksal nur der strenge Determinismus: Alles ist vorherbestimmt. Die Welt kann beeinflusst, aber nicht geändert werden. Der britische Astrophysiker *James Jeans* hat den physikalischen Determinismus 1935 beinahe poetisch charakterisiert:

Das Gespinst der Raumzeit ist bereits vollständig gewoben, im Raum wie in der Zeit, sodass das ganze Bild existiert, obwohl wir uns dessen nur Stück für Stück bewusst werden - wie einsame Fliegen, die über einen Teppich kriechen. Ein menschliches Leben ist nichts als ein Faden in diesem kosmischen Teppich.

Zum ersten Mal aufgeworfen wurde das Problem "Veränderung der Zukunft" durch die antiken Griechen. Die Sage von **Ödipus** hat zwar nichts mit Zeitreisen zu tun, sie ist vielmehr eine moralische Fabel über die schrecklichen Folgen von Gehorsamsverweigerung und Nichtbeachtung von Regeln. Dennoch hat sie auch eine andere Moral: Gerade durch den Versuch, die weisgesagte Zukunft ändern zu wollen, kommt es wie vorausbestimmt. Hätten die Eltern nichts getan, wäre nichts passiert. Viele SF-Autoren haben die Idee aufgegriffen und modern gestaltet, so *Cyril M. Kornbluth* ("Dominoes", 1953) oder *Robert Bloch* ("The Past Master", 1955). Besonders eindrucksvoll hat *Philip K. Dick* in seiner Erzählung "Minderheitenbericht" (1956, später auch verfilmt) das Thema bearbeitet und trickreich variiert. Hier etabliert der Held, der Polizeichef John Anderton, ein System der Verbrechensverhütung, das sich als höchst wirksam erweist: Drei hellsichtig begabte Mutanten sagen die Zukunft voraus (nicht immer genau die gleiche), und sehen, wer etwas Böses tun will. Diese Person wird prophylaktisch eingesperrt, obwohl sie ja gar nichts getan hat.

Als dann Anderton zufällig mitbekommt, dass er selbst demnächst einen Mann ermorden wird, den er gar nicht kennt, büchst er aus und lernt gerade dadurch diesen Menschen kennen. Woraufhin er (nach einigen Verwicklungen) erkennt, dass er diesen Menschen - einen Ex-General, der einen Militärputsch vorbereitet - aus politischen Gründen tatsächlich ermorden soll, was er dann auch tut, natürlich zum Wohl des amerikanischen Volks. Am Ende gibt der Held seinem Nachfolger folgenden Rat: *"Passen Sie gut auf, wenn Ihr Name jemals auf einer Karte* [mit der Liste potentieller Mörder] *auftauchen sollte, lassen Sie den Dingen ihren Lauf! Sie können die Situation zwar für einige Zeit verwirren, aber nicht ändern."*

Auf die Paradoxa einer Zeitreise im heutigen Sinn - Änderung schon geschehener Ereignisse - zum ersten Mal eingegangen ist der englische Mathematiker und Schriftsteller *Lewis Carroll*, bekannt durch seine Bücher über die Abenteuer der kleinen Alice. In Kapitel 23 seines (ansonsten unlesbaren) Buchs "Sylvie and Bruno" beschreibt er einen unglücklichen Vorfall, den er durch die Zeitmaschine des Professors ändern will. Aus einem Postwagen ist eine Schachtel auf die Straße gefallen, die einem Radfahrer zum Verhängnis wird:

... In diesem Augenblick bog ein Radfahrer scharf um die Kurve, versuchte, die auf der Straße liegende Schachtel zu umfahren, strauchelte, und wurde kopfüber gegen das Rad der Postkutsche geschleudert. Der Fahrer kam sofort zu Hilfe, und gemeinsam mit ihm trugen wir den unglücklichen Radfahrer in den nächstgelegenen Laden. Sein Kopf hatte eine Schnittwunde und blutete, und ein Knie schien stark verletzt. So verfrachteten wir ihn in die Kutsche, stützten ihn mit Kissen und fuhren ihn zum nächsten Krankenhaus. Erst als sie weg waren, dachte ich an meine seltsamen Kräfte, Dinge ungeschehen zu machen.

So drehte ich den Zeiger der seltsamen Uhr zurück [Carrolls Möglichkeit einer Reise in die Vergangenheit], und ich sah, diesmal fast ohne Überraschung, alle Dinge, wie sie waren, bevor das Paket von der Kutsche fiel. Sofort betrat ich die Straße, hob das Paket auf und legte es wieder auf den Wagen. Da kam auch schon der Radfahrer, fuhr ohne Hindernis um die Kurve und verschwand in einer Staubwolke in der Ferne.

"Welch wunderbare Kraft der Magie!" dachte ich. "Wie viel menschliches Leid habe ich nicht nur gelindert, sondern sogar verhindert!" Vor Tugendhaftigkeit glühend stand ich da und wartete gespannt auf den Zeitpunkt, da ich die Uhr zurückgestellt hatte.

Das Ergebnis hätte ich voraussehen können: Genau als der Zeiger die Marke berührte, war die Postkutsche wieder da, und der verwundete junge Mann lag auf den Kissen mit bleichem Gesicht und zusammen gepressten Lippen.

*"Oh Zauberuhr, die du mich verspottest" sagte ich zu mir. "Das Gute, das zu tun ich glaubte, ist verschwunden wie ein Traum. Die Übel
dieser mühevollen Welt sind die einzige beständige Wirklichkeit."*

Carroll hätte auch das Problem der Persönlichkeits-Aufspaltung sehen müssen, denn der Radfahrer taucht zweifellos zweimal auf: unverwundet fährt er davon, verwundet liegt er auf dem Wagen. Aber
darauf geht Carroll nicht ein.

Auch der "Erfinder" der Science Fiction und Gründer des ersten SF-
Magazins (Amazing Stories, 1926), *Hugo Gernsback*, vertritt einen
strengen Determinismus, wenn er sagt: *"Wir können die Zukunft um
kein Jota ändern. Die Ereignisse irgendeiner zukünftigen Ära sind
unauslöschbar im Buch des Schicksals eingetragen."* Ähnlich der Erfinder der Zeitmaschine, *H.G. Wells*. In einem Vortrag am 24.1.1902
mit dem Titel "Die Entdeckung der Zukunft" meinte er:

*Wenn durch eine Manipulation von Raum und Zeit Julius Cäsar,
Napoleon, Edward IV, William der Eroberer, Lord Roeberey und
Robert Burns alle bei ihrer Geburt geändert worden wären, hätte
das keine ernsthafte Verschiebung am Strom des Schicksals hervorgerufen. Diese großen Männer sind bloße Federspitzen, die das
Schicksal zum Schreiben verwendete.*

Ebenso poetisch wie düster drückt es der SF-Autor *Norman Spinrad*
in der Erzählung "The Weed of Time" (1970) aus, wo durch Kauen
einer extraterrestrischen Pflanze alle Lebewesen die Zukunft exakt
kennen: *"Die Zukunft kann nicht geändert werden, weil sie nicht geändert wurde, weil sie nicht geändert werden wird."*

Doch diese Einstellung widerspricht den Auffassungen der Quantenphysik und unserer Vorstellung vom Freien Willen. Das Problem
haben ja auch die jüdischen Religionen, also Judentum, Christentum
und Islam. Sie glauben an einen allwissenden Gott, also an einen
Gott, der alles kennt, auch die gesamte Zukunft: nicht etwa nur die
Möglichkeiten der Zukunft, sondern ihre echte *Realisierung*. Also
muss alles vorausbestimmt sein. Wo bleibt dann der freie Wille?
Wenn es den nicht gibt, warum belohnt und bestraft Gott die Men-

schen für ihre Taten? Die großen Religionen haben das moralische Problem ebensowenig gelöst wie die Physiker das technisch-logische.

Gibt es überhaupt einen freien Willen? Manches spricht dafür, dass wir nicht so ganz frei sind, wie wir meinen. Wie schon erwähnt: In den 1980er Jahren experimentierte der amerikanische Physiologe *Benjamin Libet* am Hirn von Epilepsiekranken und stellte fest, dass der bewusste Wille, den Finger zu bewegen, erst ca. 1½ Sekunden nach der eigentlichen Handlung erfolgt, das Gehirn aber diesen Zeitpunkt zur Täuschung des "Ich" in der Zeit rückverlagert, sodass es aussieht, als hätte der Mensch tatsächlich erst entschieden und dann gehandelt, obwohl es in Wirklichkeit umgekehrt war. Die Experimente wurden zwanzig Jahre später wiederholt, mit ähnlichen Ergebnissen, doch Kritiker meinen, der Freie Wille sei etwas komplexer als das Heben des kleinen Fingers.

Einen wirklich strengen Determinismus vertritt *James Blish* in seiner brillanten Erzählung "Störgeräusch" (Beep, 1954). Die Protagonisten wissen genau, was in der Zukunft geschieht, dank der Erfindung des "Dirac-Radios", ein Transmitter von Radiowellen aus der Zukunft. Die Heldin erklärt das Blockuniversum und das absolute Fehlen irgendeines freien Willens perfekt:

"Es gibt für uns keine Alternativen, keine imaginären 'Zeitäste', keine Punkte auf der Zeitlinie, von denen aus wir den Lauf der Zukunft ändern können. Meine Zukunft, so wie die Ihre oder Dr. Walds oder von jedermann sonst ist festgelegt. Es änderte die Sache nicht im geringsten, ob ich nun ein vernünftiges Motiv für die Dinge hatte, die ich tun würde - ich würde sie auf jeden Fall tun. Ursache und Wirkung existieren nicht. Ein Ereignis folgt dem andern, und die Ereignisse sind in dem Raum-Zeit-Kontinuum genauso unzerstörbar eingebettet wie Materie oder Energie."

Und weiter:

"Rationalen Erklärungen für unser Tun stehen uns wenigstens allem Anschein nach noch frei zu tun. Das Bewusstsein des Beobachters

reist mit auf der Fahrt in die Zukunft. Es kann zwar den Ablauf der Ereignisse selbst nicht beeinflussen, aber es kann kommentieren, erklären, erfinden. Das ist ein großes Glück, denn wer von uns könnte ertragen, wie ein Roboter einfach Dinge tun zu müssen, die völlig frei wären von unserer Entscheidungs- und Willensfreiheit. Deshalb suchte ich mir ein Motiv zusammen."

Nachdem die Protagonistin ihre Motive erklärt hat, kommt der krönende Abschluss:

"Das also sind meine Motive. Aber sie waren es nicht vom Anfang an. In Wirklichkeit stehen ja keine Motive hinter unseren Handlungen. Alle Handlungen sind schon lange vorher festgelegt. Was wir Motive nennen, sind offensichtlich nur vernunftgemäße Erklärungen des hilflos zuschauenden Bewusstseins, das intelligent genug ist, ein kommendes Ereignis vorausahnen zu können - und da es das Ereignis nicht abwenden kann, stattdessen nach Gründen sucht, um es willkommen heißen zu können."

Eine derart konsequente Einstellung finden wir selten in der Literatur. Meist vertreten die Autoren eine Art modifizierten Determinismus, der zwar auch besagt: Nichts kann geändert werden, und wenn wir es versuchen, erreichen wir genau das, was wir verhindern wollen (der Ödipus-Effekt). Aber menschliche Motive und bewusste Entscheidungen sind vorhanden, auch wenn sie nichts bewirken. Gute Beispiele dafür sind die beiden Erzählungen von *Robert F. Young*, die ich in diesem Buch aufgenommen habe. Im "Sternenfischer" lebt der Held so unbewusst und so abhängig von seinem Verlangen, dass er gar nicht merkt, wie exakt er sein Schicksal erfüllt. Für den Mord an seiner Geliebten wird er zu vierzig Jahren Strafkolonie verurteilt, obwohl er ihn gar nicht begangen hat. So reist er zurück in die Vergangenheit, um den Mord zu verhindern, und gerade dadurch geschieht es: In einem Anfall von sinnloser Eifersucht bringt er (sein zweites Ich) die Angebetete um, weil sie nur ihn (sein erstes Ich) liebt.

In der Geschichte "Erfüllung" dagegen nimmt der Held sein Schicksal positiv an, führt die Handlungen durch, die überliefert sind, sagt die Worte, die er, der Überlieferung nach, schon gesagt hat, und erreicht dadurch, was im Titel angedeutet ist: die Erlösung von seiner qualvollen Suche nach der verlorenen Geliebten. Determinismus kann auch positiv sein: als Ergebenheit in das vorgezeichnet Schicksal, das aber erst - durch bewusste Anstrengungen - erfüllt werden muss.

So ähnlich dachte auch der Held Karl Glogauer in *Michael Moorcock*s "Behold the Man" (1966, später auch als Roman). Mit Hilfe einer Zeitmaschine erfüllt sich der neurotische Späthippie Glogauer den Traum seines Lebens: bei der Kreuzigung Christi dabei sein zu dürfen. Die Zeitmaschine geht zu Bruch, ein Jesus ist nicht in Sicht bzw. entpuppt sich als debiler Junge. So wächst Glogauer ganz allmählich selbst in die Rolle des Menschen hinein, dessen Schicksal er unbedingt erleben wollte - was ihm dann auch auf schreckliche Weise gelingt: Er wird zuletzt gekreuzigt. Auch hier hat der Held die Bürde seines (vorgezeichneten?) Lebens bewusst auf sich genommen. Aber ist das noch Determinismus?

Jedenfalls gibt es eine besondere Form des Determinismus, die von vielen mit der Hölle gleichgesetzt wird: die schon erwähnten **Zeitschleifen**. Der Chirurg und Märchenerzähler *Richard von Volkmann-Leander* (1830 - 1889) hat in seinen "Träumereien an französischen Kaminen" (1871) eine sehr harmlose Version der Hölle als Zeitschleife geschildert. In der Erzählung "Von Himmel und Hölle" kommt ein Reicher ans Himmelstor und wird von Petrus gefragt, was er sich denn so wünsche. Der Reiche weiß genau, wie sein Himmel aussehen soll:

Da sprang der reiche Mann von der Bank auf und sagte, er wolle ein großes, goldenes Schloß haben, so schön, wie der Kaiser keins hätte, und jeden Tag das beste Essen. Früh Schokolade und mittags einen Tag um den andern Kalbsbraten mit Apfelmus und Milchreis, mit Bratwürsten und nachher rote Grütze. Das wären seine Leibgerichte. Und abends jeden Tag etwas andres. Weiter wolle er dann einen

recht schönen Großvaterstuhl und einen grünseidenen Schlafrock;
und das Tageblättchen solle Petrus auch nicht vergessen, damit er
doch wisse, was passiere.

Da sah ihn Petrus mitleidig an, schwieg lange und fragte endlich:
„Und weiter wünschest du dir nichts?" — „0 ja!" fiel rasch der
Reiche ein, „Geld, viel Geld, alle Keller voll; so viel, daß man es
gar nicht zählen kann!"

„Das sollst du alles habe", entgegnete Petrus, „komm, folge mir!"

Und so erlebt der Reiche jeden Tag gleich, in tiefster Isolation. Nach
tausend Jahren kommt er endlich drauf, dass er nicht im Himmel,
sondern in der Hölle gelandet ist. Aber Petrus hat ein Einsehen und
lässt ihn in nach weiteren tausend Jahren in den Himmel.

Viel übler ergeht es dem Helden der Erzählung "The double timer"
von *Thomas M. Disch* (Fantastic, Oct. 1962). Der Antiheld, ein Poli-
zist, will seine Frau umbringen, was gelingt, und den Mord ihrem
(vermuteten) Liebhaber in die Schuhe schieben, was nicht gelingt,
denn der Liebhaber hat einen Unfall und wird ins Krankenhaus weg-
gebracht; er ist also nicht am Tatort. Dann gibt es noch Streit mit
seinem anderen Ich, und am Ende ist der Mörder in einer entsetzli-
chen Zeitschleife gefangen, bringt täglich seine Frau um und schei-
tert täglich mit dem Versteckspiel.

Die besten und frühsten SF-Erzählungen dieser Art stammen von
Robert Heinlein. In "By his Bootstraps" oder "Bob's Busy Day"
(Astounding Science Fiction, Oct. 1941) behandelt Heinlein in geni-
aler Weise gleich mehrere Zeitreisethemen auf eine Weise, die nicht
mehr übertroffen wurde.

- Problem Nr. 1: Ist die Zukunft wandelbar, und wenn ja, wie löst
man dann das Großvater-Paradoxon auf? Oder ist die Zukunft vorherbestimmt, und wenn ja, wie kann diese Tatsache mit der Annahme eines Freien Willens vereinbart werden? Heinleins ironische
Antwort: Alles ist vorherbestimmt, durch die Charaktere der Menschen. Als der Held nämlich versuchen will, den Ablauf der Dinge
(hier: der Dialoge) bewusst zu ändern, möchte er das durch sinnloses

Zitieren eines Kinderlieds bewerkstelligen. Indes: Gerade in dem Augenblick fällt ihm kein einziges ein. Heinleins leicht deprimierendes Fazit: Niemand zwingt die Menschen zur Wiederholung dessen, was sie schon gedacht, gesagt und getan haben. Ihr Freier Wille wird durch keine Kraft beeinträchtigt. Und dennoch denken, fühlen und tun sie das Gleiche wie immer - weil sie keine wirklich freien Menschen sind, sondern eher von innen zwangsgesteuerte Roboter.

- Problem Nr. 2: Wie reagieren die vielen Ich's miteinander? Verhalten sie sich vernünftig, kooperieren sie, bilden sie eine Einheit, oder handeln sie als egoistische Egos gegeneinander? In Heinleins Erzählung sind sie unfähig, miteinander vernünftig zu reden oder gar zu handeln. Jedes Ich hält sich für das einzig wahre und alle anderen Inkarnationen für stur und unzugänglich - eine für das Ursprungs-Ich typische Charaktereigenschaft. Es fängt schon mit der Begegnung an:

Vor ihm stand ein Mann in ungefähr seiner Größe und in annähernd dem gleichen Alter [nämlich er selbst]. Wilson kam zu dem Schluss, dass er das Gesicht dieses Burschen nicht leiden mochte.

Und wer bin ich?

Als er sich dreimal zur gleichen Zeit in seinem Zimmer befunden hatte, wer war da eigentlich sein Ego - er selbst - gewesen? Und woran lag es, dass er es nicht fertiggebracht hatte, den Lauf der Ereignisse zu ändern?

Noch ein anderes Problem beschäftigte ihn - die Frage nach sich selbst und seinen Irrfahrten durch die Zeit. Er zerbrach sich immer noch den Kopf darüber, dass er sich selbst sozusagen auf dem Rückweg begegnet war, mit sich selbst gesprochen, mit sich selbst handgreiflich gekämpft hatte. Wer davon war eigentlich er selbst? Er verkörperte alle diese Ichs, dessen war er sicher, denn er erinnerte sich genau, jeder von ihnen gewesen zu sein.

- Problem Nr. 3: Das Informations-Paradoxon. Heinleins Antiheld lernt die Sprache der Zukunft aus einem von ihm in der Zukunft verfassten Wörterbuch - aus dem Wörterbuch. Woher aber kamen die Informationen, wenn es gar keine Wirklichkeit gibt?

Wann hatte er die Sprache gelernt, um dieses Wörterbuch überhaupt anlegen zu können? Erst als er es kopierte, beherrschte er die Sprache - das Kopieren war eigentlich überhaupt nicht notwendig gewesen. Sein älteres Ich hatte sein jüngeres Ich eine Sprache gelehrt, die das ältere Ich beherrschte, weil das jüngere Ich, nachdem es sie gelernt hatte, zum älteren Ich wurde und daher die Fähigkeit besaß, seine Kenntnisse weiterzugeben. Aber wo hatte es angefangen? Was war zuerst dagewesen, die Henne oder das Ei?

Heinleins Erzählstränge sind so kompliziert, dass er sogar ein Minkowski-Diagramm für die Handlungen seines Helden anfertigte!

Doch Bob's Begegnungen mit sich selbst waren nur der Vorgeschmack für seine Meistererzählung. In "All you zoombies" ("Entführung in die Zukunft") aus dem Jahr 1964 trifft ein Mann durch Reisen in die Vergangenheit eine Frau, das ist aber er selbst, nachdem er sich einer Geschlechtsumwandlung unterwarf, zeugt einen Sohn mit ihr/sich, nur um zu erkennen, dass dieser Sohn er selber ist und nur er, als einzige Person, überhaupt existiert. Am Ende der Erzählung heißt es:

Dann betrachtete ich den Ring an meinem Finger.

Die Schlange, die immer und ewig ihren Schwanz verschlingt ... Ich weiß, woher ich stamme — aber woher kommt ihr Wiederbeseelten?

Ich spüre, dass ich Kopfschmerzen bekam, aber ich wollte keine Tablette nehmen. Das habe ich einmal getan — und ihr seid alle fortgegangen. Deshalb kroch ich unter die Decke und stieß einen Pfiff aus, um das Licht zu löschen.

Ihr seid nicht wirklich dort. Außer mir - Jane - ist hier niemand in der Dunkelheit. Ihr fehlt mir schrecklich!

Neun Jahre später ist eine Geschlechtsumwandlung zwecks Sex mit sich selbst nicht mehr nötig. "The Man Who Folded Himself" ("Zeitmaschinen gehen anders") von *David Gerrold* (1973) treibt's mit sich selbst, aber auch mit weiblichen Ausgaben seiner selbst, und die Vermehrung der Ichs geht ins Uferlose. Was ein anderes Problem aufwirft: die Sprache.

Wie beschreibt man Dinge, die schon geschehen sind, aber jetzt eben noch nicht geschehen sind? Die geschehen werden, aber in der Vergangenheit, also geschehen geworden sein werden? Die ungeschehen gemacht werden können durch Geschehenes, das in der Zukunft - in der Vergangenheit? - liegt?

Die deutsche Sprache kennt mehrere grammatikalische Zukunftsvariationen, von denen aber Wikipedia meint, sie wären nicht sehr verbreitet. Unsere Allwissenheits-Enzyklopädie sagt dazu:

Doppeltes Futur II und III: Das Doppelte Futur II findet selbst in der heutigen Umgangssprache kaum Verwendung und ist standardsprachlich nicht akzeptiert. ... bezeichnet die Abgeschlossenheit eines Nachfolgezustandes. Beispiele: Futur III mit Hilfsverb "haben": „Ich werde ihr geschrieben gehabt haben" Futur III mit Hilfsverb "sein": „Ich werde dorthin gegangen gewesen sein". Also auf Deutsch: Ich werde meinen Großvater ermordet gehabt haben. Oder doch lieber: Ich habe meinen Großvater ermordet gehabt werden?

Der britische SF-Autor *Douglas Adam* ("Per Anhalter durch die Galaxis") hat sich 1980 Gedanken über Erweiterungen unserer Sprache zur Beschreibung von Ereignissen in Parallelwelten gemacht. Sein Fazit: Die meisten kommen über die *zukünftige halbbedingte modifizierte unterverkehrte abgeleitete Vergangenheits-Möglichkeits-Willenskundgebung* nicht hinaus. Kein Wunder. Zurück zu Heinlein.

Heinleins Geschichte wurde in Australien 2014 unter dem Titel "Predestination - Entführung in die Zukunft" (Prädikat: Besonders wertvoll) exzellent verfilmt. Das "Temporal Bureau" – eine Einrichtung, die durch Zeitreisen Terroranschläge und andere Verbrechen verhindert – schickt einen Agenten durch die Jahrzehnte, um einen

Anschlag des Terroristen "Fizzle Bomber" zu verhindern. Beim Entschärfen der Bombe wird er aber vom "Fizzle Bomber" gestört und schafft es nicht, die Bombe unschädlich zu machen. Bei der Explosion wird der Agent verletzt und verbrennt sich das gesamte Gesicht. Er versucht, zu der als Violinenkoffer getarnten Zeitmaschine zu kommen, ist aber zu schwach dafür. Ein Mann betritt den Raum und schiebt dem Agenten den Koffer zu, dieser aktiviert die Zeitmaschine und verschwindet.

Nach Jahren der Erholung und mit einem komplett neuen Aussehen bekommt der Agent einen neuen Auftrag. Getarnt als Barkeeper trifft er an der Bar auf einen Mann mit braunem Hut, einen Autor von Geschichten für Hausfrauenzeitschriften, der unter dem Pseudonym "Die unverheiratete Mutter" schreibt. Dieser behauptet, dass seine Lebensgeschichte die beste Geschichte sei, die der Barkeeper je hören werde. Und so ist es: Der Mann mit Hut war früher ein Mädchen, ein Waisenkind, das unbedingt Raumfahrerin werden wollte. Die anderen Mädchen haben das durch Mobbing verhindert, denn wer intelligent ist und hübsch dazu, kommt im Leben nicht weit. Trübselig verlässt bei Regenwetter das Mädchen die Akademie und stößt mit einem nicht mehr ganz jungen Mann zusammen. Die beiden verlieben sich ineinander, das Mädchen wird älter und bekommt von ihm ein Kind, das ein Unbekannter aus der Klinik entführt. Bei der Geburt wurde durch eine Operation der Uterus der Mutter so zerstört, dass der Arzt zu einer kompletten Operation riet, mit dem Trost, in diesem Körper wären auch männliche Anlagen vorhanden. Die junge Frau wandelt sich in einen Mann, der in einer Bar seine Geschichte erzählt und von dem Barkeeper/Zeitagenten angeheuert wird, den Fizzle-Bomber zu suchen. Der Mann mit Hut reist in die Vergangenheit, um den Typen zu finden, der ihn - sie - schwängerte und dann schnöde verließ. Dabei stößt er mit einem jungen Mädchen zusammen, in das er sich verleibt, und - siehe oben. Es gibt in dem Film fünf unterschiedliche Personen: den Barkeeper/Zeitagenten, den Mann mit Hut, das junge Mädchen, die junge Frau, den Fizzle-Bomber. Und alle sind sie ein und dieselbe Person!

Noch bedrückender präsentiert sich eine Zeitschleife in dem Film "Triangle - Die Angst kommt in Wellen" (2009), ebenfalls aus Australien, mit einer ebenso großartigen wie unbekannten Hauptdarstellerin, die sich im Film selbst ermordet, weil sie zusehen muss, wie sie (ihr zweites Ich) ihren autistischen Jungen schlecht behandelt. Als sie mit Leiche und Jungem flieht, verursacht sie einen schweren Autounfall, bei dem der Junge stirbt und sie sich, traumatisiert, an den Strand bringen lässt, wo sie mit einer Clique junger Leute zu einer Segelfahrt verabredet war. Das Segelschiff gerät in einen Sturm, sie retten sich auf ein verlassenes Kreuzfahrtschiff, wo ein Irrer wütet und alle erschießen will, bis ihn (natürlich: sie) die psychopathische Heldin über Bord wirft, woraufhin die Attentäterin an den Strand geschwemmt wird, sich in ihr Haus schleicht, dort sich selbst (ihr zweites Ich)(ihr erstes?) beobachtet, wie sie ihren Sohn schlecht behandelt, und dann voll aufgestauter Wut sich selbst erschlägt. Danach ... siehe oben.

Viel freundlicher erscheint uns da die Zeitschleife des missgelaunten Reporters Bill Murray in dem Film "Groundhog Day". Auf Deutsch heißt der Film "Und täglich grüßt das Murmeltier", er ist angeblich ein Plagiat des zur gleichen Zeit (1993) erschienen Films "12:01" (nach der gleichnamigen Kurzgeschichte von *Richard Lupoff*, die 1973 erschien). Zumindest besitzt die Murmeltierschleife bessere Schauspieler und eine herzerwärmende Moral. Die Handlung ist bekannt: Jeden Morgen um 6 Uhr erwacht der Reporter, und es ist immer wieder aufs Neue der 2. Februar. Bald beginnt der Antiheld sein Wissen über den Tag für sich zu nutzen, um sich ein extravagantes Leben voller Vergnügungen, Geld und Frauen zu verschaffen.

Als er aber versucht, seine Arbeitskollegin Rita zu verführen, landet er Tag um Tag einen Fehlversuch. Schließlich stellt sich bei ihm Überdruss ein und er beginnt zu verzweifeln. Er vertraut sich Rita an, und einer ihrer Ratschläge hilft ihm, in seinem festgefahrenen Leben andere Ziele zu finden: Phil beginnt, seine Tage sinnvoll zu verbringen, sich zu bilden, anderen uneigennützig zu helfen. So wird er ein besserer Mensch und kann die Zeitschleife durchbrechen.

Veränderbare Vergangenheit

Variante 2 ist die wirklich interessante: Es gibt eine und nur eine Welt, und ich kann sowohl Vergangenheit als auch Zukunft ändern. Mit all den bekannten Paradoxien, die bei klugen Köpfen zu der Ansicht führen, dass Zeitreisen in die Vergangenheit nicht möglich sind. Hier also das wichtigste Paradoxon, auch "Großvaterparadoxon" genannt:

Das Großvater-Paradoxon (von weniger zart besaiteten Zeitgenossen auch als "Vatermord-Paradoxon" bezeichnet) besteht darin, dass der Zeitreisende in der Vergangenheit seinen Großvater erschießt (oder seinen Vater!) und damit seine eigene Zeugung bzw. Geburt verhindert. Da er nun nicht geboren wird, existiert er auch nicht, kann also gar nicht in die Vergangenheit reisen, um seinen Großvater zu erschießen. Also existiert er doch, also kann er doch ... ad infinitum.

Erwähnt wird das Problem zum ersten Mal vom Begründer der modernen Sciencefiction und der Sciencefiction-Magazine, von *Hugo Gernsback* ("The Time Oscillator", Science Wonder Stories, Dec. 1929). Dann taucht es 1933 wieder auf in der SF-Erzählung "Ancestral Voices" von *Nat Schachner*. Man braucht aber weder seinen Großvater noch seinen Vater noch sich selbst zu erschießen. Es genügt, den Zeitreisenden (also sich selbst) an der Zeitreise zu hindern, und zwar in dem Augenblick, da er sie antreten soll bzw. ja eigentlich schon angetreten hat. Das geht am einfachsten, indem man ihn in ein interessantes Gespräch verwickelt. Man kommt zum gleichen Ergebnis, ganz ohne Gewalt, ja ganz ohne äußere Handlungen.

Zahlreiche Autoren haben daraus zweierlei konstruiert: entweder eine Art Zeitpolizei, welche darüber wacht, dass die Zukunft in geordneten Bahnen verläuft (*Isaac Asimov*: Am Ende der Ewigkeit; *Poul Anderson*: Hüter der Zeiten; *Fritz Leiber*: Eine große Zeit); oder eine Tourismus-Branche, die sich auf Zeitreisen spezialisiert (*Robert Silverberg*: Zeitpatrouille); oder beides. Bezüglich der Möglichkeit, die Geschichte durch Manipulationen in der Vergangenheit zu ändern, gibt es zwei Auffassungen, die auch Entsprechungen in der Physik besitzen. Die erste Auffassung postuliert eine Art *Trägheitsgesetz der Geschichte*. Am besten drückt dies *Fritz Leiber* in seinen Erzählungen "Die große Zeit" (1958) aus:

Die meisten von uns treten in die Veränderungswelt mit der falschen Vorstellung ein, dass die geringste Veränderung in der Vergangenheit — ein verschobenes Staubkorn — die ganz Zukunft verändern muss. Es dauert seine Zeit, bis wir seelisch und intellektuell das Gesetz der Bewahrung der Realität akzeptieren: dass nämlich bei einer Veränderung der Vergangenheit die Zukunft sich gerade nur soweit wie nötig verändert, gerade ausreichend, um die neuen Daten aufzunehmen. Die Veränderungswinde treffen stets auf höchsten Widerstand. Sonst hätte der allererste Einsatz in Babylon bereits New Orleans, Sheffield, Stuttgart und Maut Davis' Geburtsort auf Ganymed ausgelöscht!

Leiber fährt fort:

Überdenkt doch einmal, wie die durch Roms Zusammenbruch entstandene Lücke durch die imperialistischen und christianisierten Germanen ausgefüllt wurde. Nur ein erfahrener Historiker vermag in den meisten Zeitaltern den Unterschied zwischen der ehemaligen römisch- und der jetzigen gothisch-katholischen Kirche zu benennen. Im Kielwasser der Großen Veränderung werden Kulturen und Individuen transportiert, das stimmt, doch bleiben sie im Wesentlichen, was sie waren, abgesehen von der üblichen Zahl bedauerlicher, aber statistisch bedeutungsloser Unfälle.

Zahlreiche andere Autoren vertreten eine ähnliche Auffassung, unter anderem *Isaac Asimov* ("Das Ende der Ewigkeit", 1955) oder *Sprague de Camp* ("Lest Darkness fall", 1939). Besonders eindrucksvoll ist in dieser Hinsicht *Robert Sheckley*s "Die wandelbare Zukunft" (1960). Die Menschen der Zukunft können nur noch mit Masken atmen, denn die großen Wälder sind alle zerstört, der Sauerstoff wird knapp. (Ein technisches Missverständnis: Der Sauerstoff der irdischen Atmosfäre kommt zum Großteil von den Algen der Meere!)

Die Wissenschaftler der Zukunft haben herausgefunden, dass es *ein* Ereignis der Vergangenheit gibt, wo die Weichen gestellt wurden: Die Begegnung zweier Geschäftsleute. Der eine besucht den anderen in seinem Büro, und als er es wieder verlässt, ist der andere tot, der Vertrag über den Schutz der Wälder kommt nicht zustande, mit den bekannten fatalen Folgen.

Die Geschichtsmanipulatoren probieren es nun gleich in drei verschiedenen Parallelwelten, das Ereignis - das Treffen der beiden - rückgängig zu machen. Zweimal gelingt es nicht, beim dritten Mal schon, doch das Resultat ist aus unterschiedlichsten (psychologisch wunderbar geschilderten) Gründen immer das Gleiche: Der Geschäftsmann ist nach dem Treffen tot: einmal im Zorn vom Besucher attackiert, einmal durch ein vergiftetes Schwert versehentlich getötet, einmal durch Selbstmord geendet. Sheckley schildert mit raffinierter Psychologie die schicksalhaften Ereignisse und zeigt: auch dreimalige Manipulationsversuche bringen nichts.

Vom strengen Determinismus unterscheidet sich diese Einstellung ähnlich wie die statistische Thermodynamik von der klassischen Mechanik: Unwahrscheinliche Zustände sind möglich, aber man muss nicht wirklich mit ihnen rechnen. Kurzum: Die Geschichte zu ändern ist nicht ganz einfach.

Nun seien Sie mal ehrlich: Wäre es Ihnen möglich, das Attentat auf Kennedy zu verhindern oder das auf Hitler zum Erfolg zu bringen? Und wenn ja, welchen Weg würde die Geschichte dann nehmen? Sicherlich einen anderen, als Sie sich vorstellen. In den zahlreichen Gedankenspielen zu alternativen Geschichtsentwürfen (siehe Literaturliste) wird die Möglichkeit eines erfolgreichen Attentats auf Hitler 1944 sehr negativ beurteilt: Die SS würde die Macht übernehmen, der Angriffskrieg würde gemildert oder eingestellt werden, die Nazis hätten mehr Mittel, sich zu verteidigen und würden den Krieg hinauszögern - bis es den Amerikaner endlich gelingt, eine Atombombe zu bauen. Und die würde möglicherweise über Deutschland abgeworfen werden.

Eine solche fatalistische Einstellung haben viele SF-Autoren, wobei der Übergang vom Determinismus zur Beeinflussbarkeit der Geschichte fließend ist. Und wie steht es im privaten Bereich? Könnte man das eigene Leben ändern, wenn man bestimmte Ereignisse der Vergangenheit anders gestaltet? Oder wenn man irgendwie anders zu einem neuen Menschen wird? Es ist zu bezweifeln.

Zu diesem Thema gibt es drei ausgezeichnete, wenngleich wenig bekannte Filme. Der Schwarzweißstreifen "Der Mann, der zweimal lebte" ("Seconds", 1966, nach dem gleichnamigen Roman von *David Ely*, 1963) zeigt, ganz ohne Zeitreisen und mit einem hervorragenden Rock Hudson als Anti-Held, wie ein Mensch ein neues Leben versucht und dennoch in sein altes abgleitet, obwohl er gerade diesem entfliehen wollte.

In dem Film "Mord um Mitternacht" ("Turn back the clock", 1989) gerät eine Frau am Sylvesterabend mit ihrem Mann wegen seiner Affäre in einen heftigen Streit. Er beginnt sie zu würgen, sie greift in eine Schublade, in der zufällig eine geladene Pistole liegt, und erschießt ihn. Entsetzt wankt sie nach unten zur Feier - und da begrüßt sie ihr Mann, munter und fröhlich, als ob nichts geschehen wäre. So kommt sie drauf, dass sie ein ganzes Jahr in die Vergangenheit gerutscht ist und jetzt ein Jahr Zeit hat, die Zukunft zu korrigieren.

Als erstes verhindert sie die Zusammenkunft der Geliebten mit ihrem Mann. Vergeblich - er lernt sie eben später kennen. Und am Sylvesterabend kommt es wieder zum Streit. Diesmal allerdings hat sie die Pistole vorsorglich entfernt. Ebenfalls vergeblich: Ein guter Bekannter hat die Sache mitgekriegt, ist den beiden nachgeschlichen und erschießt jetzt (mit seiner eigenen Pistole) ihren Mann, bevor der seine Frau erwürgt. Fazit: Auch das private Schicksal kann man nicht ändern.

So ähnlich beginnt auch der Film "Lieber gestern als nie" ("The Man with Rain in His Shoes", 1999), mit umgekehrten Rollen. Hier fängt die Freundin des künstlerischen Helden eine Affäre mit einem Mann an, der nicht nur stark ist (sie lernt ihn im Fitnessstudio kennen), sondern auch edel: Er will in ein Entwicklungsland gehen. Diesmal wird der Held nur drei Monate zurückversetzt und verhindert erst einmal erfolgreich das Treffen im Fitnessstudio. Vergeblich: Am nächsten Tag bringt ihn ihre beste Freundin mit, und die Geschichte nimmt den bekannten Verlauf. Allerdings endet die Sache glücklich, denn durch die Trennung rafft sich der träge Lebenskünstler endlich auf und macht etwas aus seinem Leben. Er lernt sogar die richtige Frau kennen, während es mit seiner Ex bergab geht, bis auch sie die Chance einer Lebenskorrektur erhält.

Manchmal mache ich mir die Mühe, das eigene Leben oder das guter Bekannter alternativ aufzurollen ("Was wäre geschehen, wenn ich damals nicht ... sondern ..."). Ergebnis: Manche Entwicklungen hätten sich beschleunigt, manche verzögert, insgesamt wäre aber ungefähr das Gleiche herausgekommen, mit leichten Gewichtsverschiebungen bezüglich Interessen, Partnerschaften und beruflicher Karriere.

Die andere Auffassung von der Möglichkeit, die Zukunft zu ändern, ist der *Schmetterlingseffekt* (*Edward N. Lorenz*, 1963). Der Meteorologe Lorenz hat ihn poetisch so formuliert: "*Kann der Flügelschlag eines Schmetterlings zu einem Wirbelsturm in Texas führen?*" Die Antwort lautet: Manchmal schon. Wie üblich, hat ein Science-Fiction-Autor die Sache, sogar mit dem gleichen Titel, um Jahrzehnte vorausgenommen. In der Erzählung "A Sound of Thunder" (1952; auch in der Sammlung "Die goldenen Äpfel der Sonne") von *Ray Bradbury* geschieht genau dies: Zeitreisende in die Kreidezeit schauen sich das Treiben der Saurier an, aber einer der Männer verlässt den geschützten Bereich der Zeitmaschine und zertritt einen Schmetterling. Als sie wieder zurückkommen, ist die Welt verändert: Anstelle der gewohnten Demokratie finden die Männer nun eine üble Diktatur vor.

Als besonders pessimistisch erweist sich *Sprague de Camp* in seiner Erzählung "Aristotle and the gun" (1958). Hier reist ein Wissenschaftler ins alte Griechenland, um Aristoteles, dem einzigen halbwegs modernen Gelehrten, Dampf unterm arbeitsscheuen Hintern zu machen: Er will ihm sagen, dass Experimentieren gut ist und den Fortschritt der Menschheit beschleunigen hilft. Indes, es geschieht das genaue Gegenteil: Der Zeitreisende wird als Spion verdächtigt, und gerade rechtzeitig vor seiner Massakrierung entkommt er in seine Zeit - aber nicht in seine Welt. Er landet in einer modernen Form der Aztekenherrschaft, ohne Wissenschaft, ohne Freiheit, ohne Zukunft. Denn durch sein Erscheinen in der Vergangenheit war Aristoteles so in Verruf geraten, dass ihn niemand mehr ernst nahm. Der wissenschaftlich-technische Fortschritt wurde dadurch derart blockiert, dass die Europäer Amerika nie eroberten, mit dem geschilderten Ergebnis. Guter Wille, schlechte Folgen!

Die physikalische Grundlage für diese Art der Geschichtsmanipulation ist die von *Henri Poincaré* zu Beginn des zwanzigsten Jahrhunderts aufgestellte *Chaostheorie*. Sie wurde später von *Benoit Mandelbrot* ausgebaut, der dem "deterministischen" Chaos ein wunderbares Symbol verpasste: das Apfelmännchen. "Deterministisch" ist das Chaos deshalb, weil die Ereignisse immer noch den strengen Regeln der Newtonschen Physik folgen. Doch führen infolge eines Regelkreises (positive Rückkopplung: ein Prozess beeinflusst sich selbst unzählige Male) winzige Abweichungen zu Beginn des Kreises zu großen Abweichungen am Ende, wegen der Wiederholung. Auch unvermeidliche Ungenauigkeiten der Messung oder sogar des Computers zeitigen das gleiche Resultat: Man kann die Entwicklung nicht mehr voraussagen. Solche chaotischen Zustände treten aber nur unter bestimmten Bedingungen auf. Im Bereich der Geschichte sind dies absolut unberechenbare Ereignisse, wie etwa Revolutionen.

Irgendwie scheinen echte Zeitreisen in die Vergangenheit, ohne die Möglichkeit der Flucht in Parallelwelten, gewisse Probleme zu bereiten. Die Geschichte der Menschheit können wir ja doch nicht ändern, und die private Geschichte offenbar auch nicht so recht. Da helfen uns vielleicht virtuelle Welten weiter. Für einen Artikel im PM-Magazin habe ich mir ein Programm ausgedacht, das natürlich (ohne mein damaliges Wissen) schon jemand vor mir hatte, nämlich der gute Doktor Asimov in seinem Roman "Das Ende der Ewigkeit".

Ich stelle das Programm TEMPORAL jetzt trotzdem vor. Es funktioniert als neuronales Netzwerk etwa so:

Nach Installation des Programms muss der Benutzer sämtliche Daten des eigenen Lebens eingeben: alle Ereignisse, Krankheiten, Gefühle und Erinnerungen - je vollständiger, desto besser (Phase 1). Danach wird das Programm kalibriert. Es rekonstruiert bestimmte Situationen der Vergangenheit und versucht, die sich daraus ergebenden Ereignisse vorauszusagen. Die Voraussage wird mit der Wirklichkeit verglichen, und so nähert sich das Programm in seinen Berechnungen immer mehr der Realität (Phase 2). Auch bei der Vorhersage künftiger Ereignisse wird ständig nachgeeicht. Der Benutzer kann nach dieser Phase nun das Programm für Reisen in virtuelle Parallelwelten benutzen (Phase 3). Dazu ändert er eine Situation der Vergangenheit und bekommt vom Programm drei wahrscheinliche Welten vorgestellt, zusammen mit den Entwicklungen, die sich daraus ergeben würden. Eine schöne und ungefährliche Art, die eigene Vergangenheit, Zukunft und Parallelwelt zu erforschen.

Parallelwelten

Die Idee, dass es nicht nur eine, sondern unzählige Welten gibt, die in einer höheren Dimension aneinander parallel liegen (wie ein Stapel Blätter), stammt wie üblich aus der Science Fiction und wurde später auch in der Quantenphysik propagiert ("Vielewelten-Interpretation", *H. Everett, B. de Witt, D. Deutsch*). Sie umgeht geschickt alle Paradoxien, denn wenn die Vergangenheit geändert wird, bildet sich automatisch eine neue Welt, sozusagen eine Variante. Diese Auffassung ist für Physiker traumhaft, weil sie alle Zeit-Paradoxien sowie eine Menge unerklärlicher Phänomene der Quantenphysik vermeidet. Sie ist für SF-Autoren uninteressant, weil es keinerlei Verwicklungen gibt, die gute Literatur erst ausmachen.

Deswegen hat sich der Erfinder der Parallelwelttheorie, der SF-Autor *Murray Leinster*, in seiner Erzählung "Sidewise in Time" (1934) gleich die Variante ausgedacht, die spätere Autoren übernommen haben: Die Parallelwelten sind nicht "dicht", was bedeutet, dass Personen von einer Welt zur anderen übertreten können. Die Verwirrung ist perfekt: Römische Legionäre tauchen in den USA auf, Wikingerschiffe überfallen einen Hafen in Massachusetts. Ein Vertreter bekommt Schwierigkeiten beim Übertritt in einen Südstaat, denn der hat den Bürgerkrieg gewonnen. Chinesische Reisbauern verkaufen ihre Waren in Washington, DC, usw. Später hat *Jack Williamson* einen ganzen Erzählzyklus daraus gemacht ("The Legion of Time", 1938), und *Robert Silverberg* hat aus dem Konzept eine menschlich ansprechende Erzählung gezaubert ("Trips" in: Final Stage, 1974). Darin wandert der Held ziellos durch die Parallelwelten, findet endlich seine Frau, wird von ihrem Ehemann freundlich begrüßt und wieder freundlich verabschiedet, um sich dann als Heimatloser im Universum der Parallelwelten zu verlaufen.

Auch ein bekannter Schriftsteller hat diese Idee zu einer Kurzgeschichte verarbeitet, ebenfalls lange bevor die Wissenschaftler ähnlich dachten. In *Jorge Luis Borges'* Erzählung "Der Garten der Pfade, die sich verzweigen" (1944) schildert der argentinische Autor das Konzept so:

Der Garten der Pfade, die sich verzweigen, ist ein zwar unvollständiges, aber kein falsches Bild des Weltganzen, so wie es ein chinesischer Gelehrter auffasste. Im Unterschied zu Newton und Schopenhauer glaubte Ihr Ahne nicht an eine gleichförmige, absolute Zeit. Er glaubte an unendliche Zeitreihen, an ein wachsendes, Schwindel erregendes Netz auseinander- und zueinander strebender und gleichgerichteter Zeiten. Dieses Webmuster aus Zeiten, die sich einander nähern, sich verzweigen, sich schneiden oder jahrhundertelang nicht voneinander wissen, umfasst alle Möglichkeiten. In der Mehrzahl dieser Zeiten existieren wir nicht; in einigen existieren Sie, ich jedoch nicht; in anderen ich, Sie aber nicht; in wieder anderen wir beide. In dieser Zeit nun, die mir ein günstiger Zufall beschert, sind Sie in mein Haus gekommen. In einer anderen haben Sie mich, da Sie den Garten durchschritten, als Toten gefunden; in wieder einer anderen sage ich dieselben Worte wie jetzt, aber ich bin ein Trug, ein Scheinbild.

Kann es Parallelwelten geben? Es gibt da Probleme physikalischer Natur, vor allem mit der Energie. Denn die unendlich vielen Universen brauchen nicht nur Platz, sie produzieren auch jede Menge Wärme, Strahlung, Schwerkraft und andere Energieformen. Selbst wenn wir uns unendlich-dimensionale Räume vorstellen, in denen diese Welten eingebettet sind - die Energie hält sich nicht an räumliche Grenzen. Sie müsste überschwappen und alles vernichten.

Genug der Spekulationen. Lasst uns konkret werden und eine Zeitmaschine basteln!

Zeitmaschinen

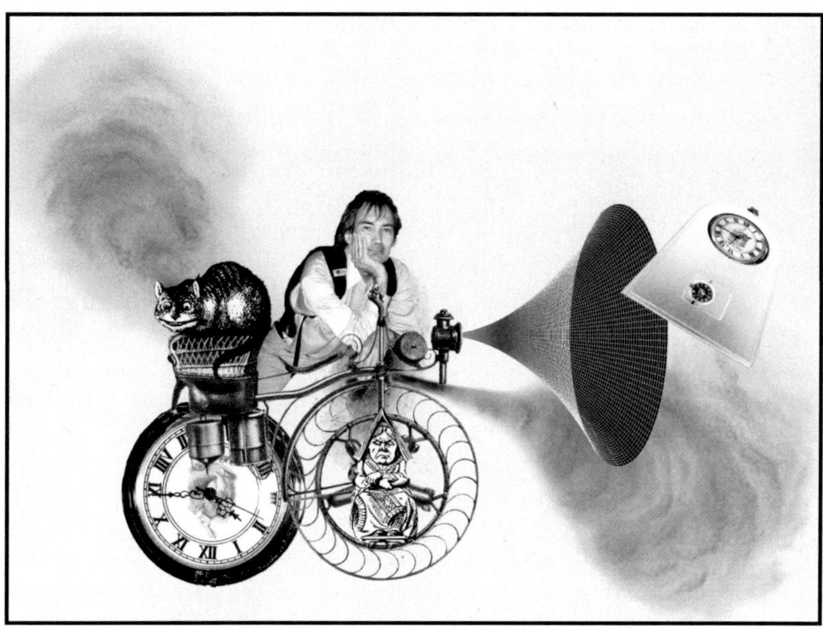

Der Verfasser auf Zeitreise mit einer sehr langsamen Zeitmaschine ...

Übersicht:

wer	Beruf	wann	Grundlage	Technik
Edward Page Mitchell	Schriftsteller	1881	keine	Wanduhr
Lewis Carroll	Mathematik-lehrer, Schriftsteller	1889	keine	tragbare Uhr
H. G. Wells	Lehrer, Schriftsteller	1895	keine	Fahrrad
Will Stuart (= Jack Williamson)	SF-Autor	1942	Wheeler-Feynmann-Theorie der Zeitumkehr	Antimaterie

Kurt Gödel	Mathe-matiker	1949	ART[*]: rotie-rendes Univer-sum	schnelles Raum-schiff (70% Lichtgeschwin-digkeit)
Frank Tip-ler	Physiker	1974	ART[*]: rotie-render Körper	rotierende Zylin-der aus exotischer Materie
Kip Thorne	Physiker	1988	ART[*]: Singu-laritäten	verbundene Wurmlöcher
Marlin B. Pohlmann	Erfinder	2006	ART[*]: Singu-laritäten	Kerr-Singulari-täten (rotierende Schwarze Löcher)

(*) ART = Allgemeine Relativitätstheorie oder Feldgleichungen der Gravitation (Einstein/Hilbert 1915)

Ich weiß, eine konkrete Zeitmaschine hat noch niemand gebastelt, aber wie wäre es mit Ihnen, lieber Leser? Immerhin hat *Marlin B. Pohlmann* aus Tulsa (USA) 2006 ein US-Patent auf eine Zeitmaschine angemeldet, und den Anfang der Patentschrift ("Method of gravity distortion and time displacement") will ich hier übersetzt präsentieren (soweit ich ihn verstanden habe):

Es wird eine Methode vorgestellt zur Anwendung sinusoidaler Schwingungen einer elektrischen Bombardierung auf der Oberfläche einer Kerr-Singularität in enger Nachbarschaft zu einer zweiten Kerr-Singularität, wobei Vorteile gezogen werden aus dem Lense-Thiring-Effekt, um die Wirkung zweier Punktmassen auf beinahe kreisförmigen Umlaufbahnen in einer 2+1-dimensionalen Anti-de Sitter-Welt zu simulieren, was zur Schaffung einer kreisförmigen zeitähnlichen Geodätischen führt, in Übereinstimmung zur van Stockum unter der Van Den Broeck Modifikation einer Alcubierre-Geometrie, was die Änderung der Topologie erlaubt, von einer raumähnlichen zu einer anderen in Über-einstimmung mit Gerochs Theorem, was zu einer Methode der Schaffung einer gödelar-tigen, geodätisch vollständigen Raumzeit-einbettung führt, komplett mit geschlosse-nen zeitartigen Raumzeitlinien.

Na bitte, geht doch. Und wenn Sie's nicht ganz verstanden haben: Auf den folgenden 30 Seiten (plus Abbildungen) werden alle Unklarheiten beseitigt. Hoffentlich.

Die erste Zeitreise mit einem technischen Gerät vollführte der amerikanische Schriftsteller *Edward Page Mitchell* in der Zeitschrift "Sun" schon im Jahre 1881. Die Zeitmaschine war eine Uhr! Diese Idee wurde in der satirischen Comicserie "Herbie" aufgenommen, wo der fette faule Herbie mittels Pendeluhr als Zeitmaschine ins alte Ägypten reist, um für seinen Vater die schöne Cleopatra zu entführen. Die erweist sich allerdings als fette faule Schlampe, welch merkwürdiger Zufall. Lasst uns wieder ernsthaft werden: Mitchell erfand auch schon 1877 die Teleportation ("The Man without a Body", ebenfalls in der Sun) und beschäftigte sich wohl als erster mit dem Zeitparadoxon.

Als nächster - eigentlich gleichzeitig - bastelte sich der Mathematiker, Lehrer und Kinderbuchautor *Lewis Carroll* 1889 eine Zeitmaschine aus einer normalen Uhr, die man zurückdrehen und sogar rückwärts laufen lassen konnte - mit entsprechenden Auswirkungen auf die Zeit. Seine "Zeitmaschine" sieht so aus:

Schweigend zog der Professor aus seiner Tasche eine quadratische Golduhr, mit sechs oder acht Zeigern, und hielt sie mir zur Ansicht hin. "Dies" begann er, "ist eine ausgefallene Uhr mit der eigenwilligen Eigenschaft, dass sie nicht mit der Zeit geht, sondern die Zeit mit ihr."

"Lässt man sie allein, nimmt sie ihren eigenen Lauf. Die Zeit hat keine Wirkung auf sie. Wenn sie zur üblichen Zeit geht. Aber die Zeit geht mit ihr. Wenn ich also die Zeiger bewege, ändere ich die Zeit. Sie vorwärtszudrehen ist natürlich unmöglich, aber ich kann sie bis zu einem Monat zurückdrehen. Danach kannst du alles noch einmal

erleben, mit allen Änderungen, die durch die Erfahrung gegeben scheinen."

"Was für ein Segen eine solche Uhr im wahren Leben wäre!" dachte ich. "Mit der Möglichkeit, rücksichtslose Worte zurückzunehmen, unbesonnene Taten ungeschehen zu machen."

Wie wir schon sahen, war nichts mit "Segen". Die gleiche Idee - Uhr = Zeitmaschine - hatten später die Schöpfer der Comic-Figur "Herbie" (Pendeluhr) sowie Joanne K. Rowling in "Harry Potter und der Gefangene von Askaban" (Sanduhr).

Die erste Zeitmaschine als technisches Gerät hat sich bekanntlich *H.G. Wells* in seinem weltberühmten Roman "Die Zeitmaschine" ausgedacht. Gedanken über deren technische Realisierung (oder auch nur das zugrunde liegende physikalische Konzept) machte er sich nicht, da die Zeitmaschine nur als literarisches Vehikel diente, die ferne Zukunft Englands zu beschreiben. Die Vermutung liegt nahe, dass er sie sich als eine Art Fahrrad vorstellte, denn er war ein großer Fahrradfan, und zu seiner Zeit gab es die unterschiedlichsten Fahrradtypen. Außerdem wird sie so in einer sehr frühen Illustration dargestellt.

Wells hat sich in seiner langen Einleitung/Erklärung über Zeitreisen auch mit den Problemen von Zeitreisen auseinandergesetzt und Lösungen vorgeschlagen oder verschleiert). Zum Beispiel das (in allen Erzählungen) ungelöste Problem der Verdrängung: Der Zeitreisende fällt aus dem Nichts in die Welt und verdrängt dort alle Moleküle. Wenn es sich nur um Luft handelt, kann man sich das Ganze ja noch irgendwie vorstellen. Aber wenn er in eine Mauer fällt? Oder die Frage: Wie lange dauert eine Zeitreise subjektiv? Auch darüber macht Wells keine Angaben - die Reise ins Jahr 802.701 scheint subjektiv nur wenige Stunden in Anspruch zu nehmen.

Der Produzent und Re-
schissör *George Pal* hat die
Zeitmaschine in seinem
gleichnamigen Film 1960
unsterblich gemacht, als eine Art Schlitten mit An-
triebsrad im Rücken. Diese
Zeitmaschine gibt es auch
zum Selberbasteln hier:

http://spaceart.de/produkte/uf014.php oder als Wurmloch-Modell bei
Amazon.

George Pals hübsche Zeitmaschine, einem Schlitten nachempfunden,
hart mindestens eine prominente Nachfolgerin: Die fliegende Tele-
fonzelle des "*Dr. Who*" aus der englischen SF-TV-Serie (seit 1963).
Der "Doktor" ist der letzte Überlebende der "Zeitlords". Er reist mit
seiner Zeitmaschine namens TARDIS ("Time And Relative Dimen-
sions In Space" = Zeit und relative Raumdimensionen), einer blauen
Polizei-Notruf-Telefonzelle aus den 1960iger Jahren. Üblicherweise
kämpft der Doktor in Begleitung einer hübschen - äh - Begleiterin
gegen Monster aus dem All. Doch der Drehbuchautor *Steven Moffat*
hat auch einige gute Zeitreise-Episoden geschrieben, z.B.:

- Die junge Begleiterin will ihren eigenen Vater vor einem tödlichen
Verkehrsunfall retten. Doch die Eltern streiten nur und der Vater ist
und bleibt ein Versager ("Vatertag").

- Die junge Begleiterin soll sich in einer Kammer verstecken, der
Doktor würde sie in fünf Minuten da rausholen. Was er auch tut -
aber für sie sind inzwischen 36 Jahre vergangen!

- Des Doktors große Liebe heißt River Song. Bei ihr läuft die Zeit
umgekehrt, sodass die erste Begegnung von ihm mit ihr für sie ihre
letzte ist: Er schwebt im Glück, sie trauert um das Ende.

Auch die filmische Zeitreise-Trilogie "Zurück in die Zukunft" (1985, 1989, 1990) wurde von George Pals Zeitreise-Film inspiriert, ohne auf die dabei auftretenden Probleme einzugehen.

Die erste Zeitmaschine mit physikalischem Hintergrund stammte von *Will Stuart* (Pseudonym für *Jack Williamson*), der sie in "Astounding" 1942 veröffentlichte. Dabei hat er, wie so oft in der SF-Literatur, wissenschaftliche Ideen vorausgenommen, diesmal die Idee von Wheeler-Feynman, Antimaterie sei Materie mit rückwärts laufender Zeit.

Einsteins Gleichungen von 1915 erlaubten Lösungen, die zu abgefahrenen physikalischen Spekulationen Anlass gaben. Die erste dieser Lösungen stammt von seinem besten Freund, dem Mathematiker *Kurt Gödel*, der 1949 ein um eine vierdimensionale Achse rotierendes Universum postulierte. Zufällig ergaben sich daraus "zeitartig geschlossene Raumzeitkurven", was bedeutet: Wenn jemand lange (und schnell) genug in die Zukunft reist, kommt er in der eigenen Vergangenheit an. Kurzum: In Gödels Universum sind Zeitreisen möglich, eine Tatsache, die Gödel nicht störte, Einstein aber sehr wohl. Denn nun ergeben sich all die Paradoxien, die dem Physiker das Leben schwer machen. Paradoxien sind aber des Mathematikers täglich Brot, daher Gödels Gleichmut.

Ebenfalls mit rotierenden Objekten versuchte es der theoretische Physiker ("Physik der Unsterblichkeit") *Frank Tipler*. Tiplers Zeitmaschine aus dem Jahr 1974 sieht so aus: Man nehme überdichte (= exotische) Materie (so dicht wie in einem Neutronenstern, wo ein Kubikmillimeter soviel wiegt wie ein Schlachtschiff), bastle daraus einen sehr dünnen, sehr langen Zylinder (mindestens 100 km lang, etwa 10 km breit), der dann so schnell gedreht wird, dass seine Oberfläche mit halber Lichtgeschwindigkeit rotiert - das sind etwa 2000 Umdrehungen pro Sekunde. Dann bilden sich in seinem Äußeren zeitartig geschlossene Weltlinien, was Zeitreisen ermöglicht (wenn uns das Gerät nicht um die Ohren fliegt oder vorher schon zusammenbricht), mit einem Nachteil: Die Zeitreisen sind nur auf seiner Karussell-Oberfläche möglich und auch nur innerhalb der Zeit, da diese Maschine existiert. Das bringt wohl nicht viel, aber immerhin war Tipler der erste ernsthafte Wissenschaftler, der ein Konzept vorstellte, welches sich auf eine allseits anerkannte Theorie stützte, nämlich auf die Allgemeine Relativitätstheorie von Albert Einstein, die für alle Zeitreisen und -maschinen seit Gödel zur Vorlage wurde.

Einsteins Gleichungen erlaubten auch noch andere Lösungen, und zwar solche, in denen "Singularitäten" vorkommen. Das sind physikalisch nicht tragbare Zustände, die indes bei spekulativen theoretischen Physikern sehr beliebt sind. Einstein gehörte nicht dazu. Wiederum war es John A. Wheeler, der sich mit ihnen intensiv beschäftigte und ihnen auch den heute üblichen Namen gab: *Schwarze Löcher*. Später erfand er auch noch "Wurmlöcher", sozusagen die Nano-Ausgabe der Schwarzen Löcher, und mit ihnen wurden nun, überraschenderweise, Zeitreisen möglich.

So machte sich Wheelers Schüler *Kip Thorne* auf die Suche nach Wurmlöchern, die Zeitreisen erlauben. In dem Buch "Black Holes and Time Warps: Einstein's Outrageous Legacy" (1994) nahm er zwei Wurmlöcher als Ein- und Ausgang eines Tunnels durch die Raumzeit (wieder ein Konzept, das SF-Autoren schon viel früher hatten: Sie nannten diesen Tunnel "Hyperraum"). Ausgehend von Einsteins Formeln zur Allgemeinen Relativitätstheorie konnten er und Wheeler zeigen, dass Schwarze Löcher nicht immer gänzlich "schwarz" sein müssen. Es gibt auch solche, die auf der anderen Seite "weiß" sind, was, in die Alltagssprache übersetzt, bedeutet: Alles, was sie verschlucken, spucken sie auf der anderen Seite wieder aus. Die andere Seite könnte ein anderes Universum sein, oder unser eigenes, aber dann in einer anderen Zeit. Das Geschluckte wird dann *vor* dem Verschlucktwerden wieder ausgespuckt.

Zwar sind Wurmlöcher kleiner als Atomkerne und sie leben kürzer als ein Lichtblitz, aber man könnte sie ja irgendwie aufblasen und mit dem entsprechenden Raumzeitkleber stabilisieren. Woher die Wurmlöcher kommen, ist eine andere Sache, wie man ihre Öffnungen vergrößert, desgleichen. Und wie sollen sie stabilisiert werden? All das reicht aber nicht: Jetzt muss auch noch das eine Wurmloch gegenüber dem anderen auf nahezu Lichtgeschwindigkeit beschleunigt werden, damit es zur Zeitverschiebung ("Zeitdilatation" nach Einstein) kommt. Weil das nun wirklich nicht funktionieren würde, haben sich Thorne und Mitarbeiter eine andere Methode ausgedacht, die ebenfalls auf Einstein zurückgeht: Schwere Massen verlangsamen den Zeitfluss. Es würde also genügen (!), das eine Wurmloch in die Nähe einer großen Masse (z.B. eines Weißen Zwergs) zu bringen, um dort die Zeit zu verlangsamen. Wenn das alles bewerkstelligt wurde, kann ein Mensch durch den Übergang von einer Wurmloch-Öffnung zur anderen in der Zeit reisen (in jeder Richtung). Abgesehen von all den technischen Problemen bleibt auch hier die unangenehme Tatsache, dass man nur jene Zeiten bereisen kann, in denen beide Wurmlöcher existieren. Davon hat die Wissenschaft wenig. Dafür handelt sie sich die Paradoxa ein, die nicht sein dürfen. Davon im nächsten Kapitel mehr!

Im übrigen: Wer sich eine Zeitmaschine zulegen will, dem sei zuvor wärmstens *John Brunner*s "Der galaktische Verbraucher-Service: preiswerte Zeitmaschinen" zur Lektüre empfohlen (in: "Zielzeit", Heyne 1965). Damit keiner im zeitlichen Nichts landet und sich nachher bei den Verbraucherzentralen beklagt ...

Die Reise durch ein Wurmloch soll in eine andere Welt und/oder in eine andere Zeit führen. Wer's übersteht ...

Das Zeitparadoxon: die Darstellung

Es gibt mehrere Zeitparadoxa, doch wenn wir von *dem* Zeitparadoxon sprechen, meinen wir das eine: Jemand reist in die Vergangenheit und verhindert entweder seine eigene Existenz ("Großvater-Paradoxon") oder einfach seine Abreise in die Vergangenheit zu dem Zeitpunkt, da sie geschehen soll - geschehen ist. Dann aber kann er, wenn es nur <u>eine</u> Welt gibt, in der Vergangenheit gar nicht existieren, also kann er dort auch keine Handlungen setzen. Also kann er doch existieren. Also kann er doch ... ad infinitum. In der englischen Fachliteratur heißt es das "bilking paradox" = das Paradoxon des Zechprellers, weil man - z.B. in einer Zeitschleife - etwas erhält, ohne dafür was zu tun.

Das sieht man am besten beim **Informationsparadoxon**, das der Science-Fiction-Autor *Anthony Burgess* in seiner herrlich absurden Geschichte "Die Muse" am besten veranschaulicht (in: "Die Fußangeln der Zeit"). Ein Shakespeare-Verehrer besteigt eine Zeitmaschine, beladen mit sämtlichen Werken seines Idols, und sucht den Meister persönlich auf, zwecks Autogramm-Sammlung. Doch Shakespeare, in Wirklichkeit ein fauler, nichtsnutziger und völlig unbegabter elisabethanischer Playboy, nimmt ihm alle Bücher weg und schreibt seine eigenen Werke ab. So erhebt sich nun die bange Frage: Wer hat Shakespeares Werke ursprünglich verfasst?

Robert Silverberg hat in seinem amüsanten Roman "Zeitpatrouille" (1969) eine ganze Reihe von Zeitparadoxien aufgezählt, darunter das Paradoxon des zunehmenden Publikums, der Transitversetzung, der Diskontinuität, der Akkumulation, und das äußerste Zeitparadoxon (letzteres bedeutet: In der Vergangenheit stellt irgendwer die Weichen so, dass Zeitreisen unmöglich werden. Also sind auch die Handlungen dieser Person unmöglich. Oder vielleicht doch?)

Frederic Brown hat in seiner für ihn typischen Kurz-Kurzgeschichte "Das Experiment" (1961) die Sache auf den Punkt gebracht. Der Professor schickt mit einer Mini-Zeitmaschine einen Würfel für fünf Minuten in die Zukunft, wo er zur beabsichtigen Zeit auch erscheint.

Dann schickt er ihn fünf Minuten in die Vergangenheit, wo der Würfel dann zu einer bestimmten Zeit erscheinen soll. *"Haben Sie es gesehen?"* ruft er seinen Freunden triumphierend zu. *"Fünf Minuten, bevor ich ihn dorthin legen werde, liegt er bereits dort."*
Einer seiner Kollegen zog nachdenklich die Stirn in Falten. "Aber", sagte er schließlich, "was geschieht, wenn Sie Ihre ursprüngliche Absicht, den Würfel um drei Uhr in die Schale zu legen, aufgeben? Würde das nicht irgendeine Art von Paradoxon zur Folge haben?"
"Eine interessante Idee", erwiderte Professor Johnson. "Daran habe ich noch gar nicht gedacht, aber der Versuch wird interessant. Nun gut, ich werde den Würfel also nicht ..."
Es gab kein Paradoxon. Der Würfel blieb an seinem Platz. Aber das gesamte restliche Universum, die Professoren und alles andere verschwand.

Ist die Lösung des Zeitparadoxons so radikal? Erinnern wir uns: Es sind immer drei Personen oder Objekte beteiligt: Nr. 1 reist in die Vergangenheit und erscheint dort als Nr. 2, während er selbst (oder, wie in Browns Erzählung, ein Gegenstand) während seiner Transferierung durch die Zeit vermutlich unsichtbar bleibt. Gibt es einen Freien Willen, können alle drei nach dem "Tod" einer der drei Personen/Objekte nicht gleichzeitig existieren. Wer aber verschwindet - wenn nicht die ganze Welt - und mit welchen Folgen?

Es wird uns helfen, wenn wir uns jetzt die Sache grafisch anschauen. Wie üblich in einem Diagramm, bilden wir die Zeit in der waagrechten Achse ab, und die senkrechte Achse nehmen wir für den Ort. Die Linie, welche die Existenz eines Objekts in diesem Raum-Zeit-Diagramm beschreibt, nennen wir "**Weltlinie**". Und noch etwas: Üblicherweise heißt der Zeitreisende "Oskar". Und weil der sich gelegentlich verdoppelt oder gar vervielfacht, wird er durch eine angehängte Zahl charakterisiert, z.B. "Oskar-1". "Oskar-Z" ist Oskar als Zeitreisender. Als "Oskar" haben wir die Comic-Figur *Herbie* genommen, der ja mit seiner Pendeluhr auch in der Zeit reist. Ein Mensch, der sich <u>vor</u> der Zeit t_1 und <u>nach</u> der Zeit t_2 nicht vom Fleck rührt, hat dann folgende Weltlinie:

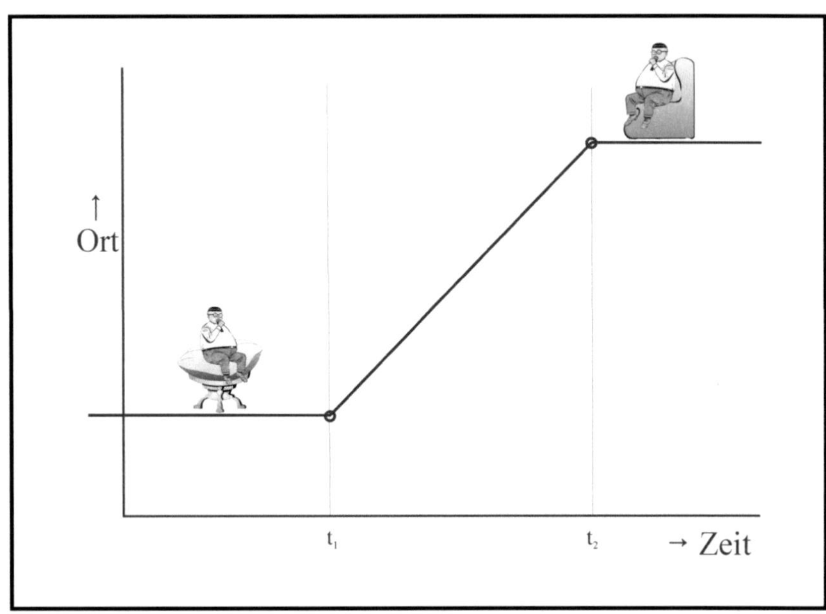

Bild 1: **Raum-Zeit-Diagramm**. *Eingezeichnet ist die Weltlinie von 'Oskar', der bis t_1 auf seinem Sessel ruht, dann nach oben geht und sich dann ab t_2 in einem anderen Sessel ausruht.*

Eine Zeitreise in die Vergangenheit sieht dann so aus, wie im Diagramm unten gezeichnet. Wir haben die Zeitlinie von Oskar als Zeitreisenden (Oskar-Z) grau dargestellt, um zu zeigen, dass er möglicherweise nicht aus der bekannten Materie besteht, sondern als etwas, das wir "Schattenmaterie" nennen wollen. Und sehen wird man ihn wohl auch nicht, außer als gespenstischem Schatten.

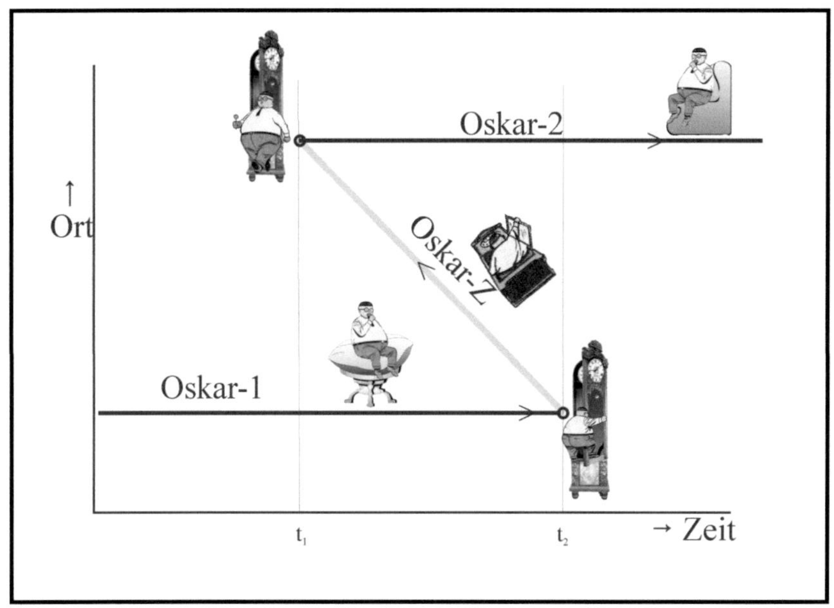

*Bild 2: Weltlinie einer **Reise in die Vergangenheit**. Oskar besteigt zur Zeit t₂ seine Zeitmaschine und reist in die Vergangenheit. Er verlässt zur Zeit t₁ die Zeitmaschine an einer anderen Stelle seines Zimmers an und lebt als Doppelgänger ("Oskar-2") weiter. Als Zeitreisender ("Oskar-Z") hat er eine andere Konsistenz; welche, ist nicht bekannt.*

Wir sehen: Oskar-Herbies "Weltlinie" ist stetig (ununterbrochen), Bewusstsein und Erinnerungen wohl auch.

Das nächste Diagramm zeigt uns das Zeit-Paradoxon: Die Weltlinie von Oskar ist nicht mehr stetig (durchgezogen), sondern an der Stelle t_T (T = Tod) unterbrochen, weil zu dieser Zeit Oskar-2 den Oskar-1 tötet oder, etwas harmloser, ihn am Besteigen der Zeitmaschine hindert. Figuren mit unsicherer Existenz haben wir blass eingezeichnet.

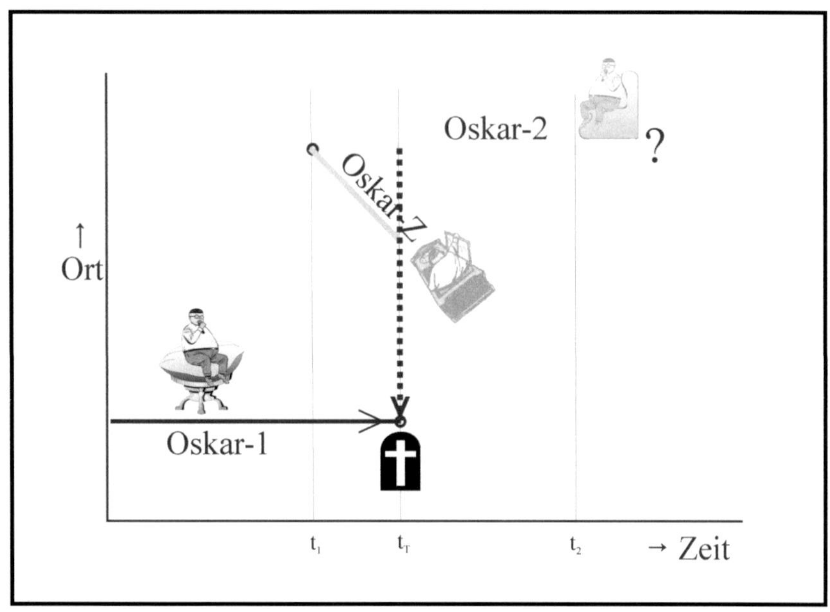

Bild 3: **Zeit-Paradoxon**. *Oskar-2 tötet zur Zeit t_T den Oskar-1 oder hindert ihn an der Zeitreise. Wie aber kann er dann zu Oskar-2 werden? Und was geschieht mit Oskar-Z?*

Unlösbare Situation? Möglich. Aber sie wird vielleicht verständlicher, wenn wir die Feynman-Wheeler-Hypothese zugrunde legen, in der ein Positron rückwärts in der Zeit wandert. Die Erzeugung und Vernichtung eines Elektron-Positron-Paars kann grafisch so dargestellt werden:

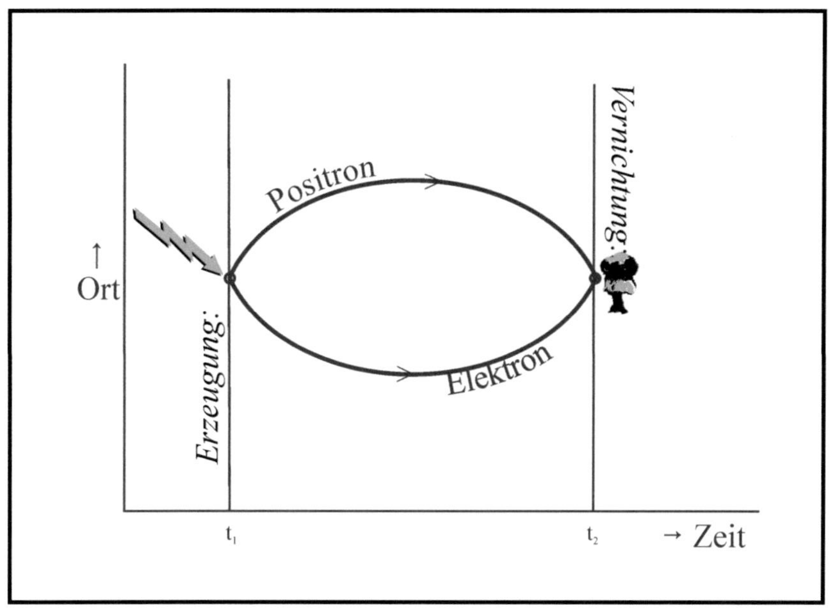

Bild 4: Erzeugung und Vernichtung eines Elektron-Positron-Paars

Zur Zeit t_1 bilden sich aus einem energiereichen Gammastrahlenblitz ein Elektron und ein Positron. Beide werden erst durch ein Magnetfeld getrennt, sie streben also auseinander. Dann wird das Feld abgestellt, die beiden Elementarteilchen streben wieder zueinander und verschmelzen zur Zeit t_2 miteinander. Ihre Massen lösen sich explosionsartig in Energie auf.

Das alles ist physikalisch und logisch ganz einfach und experimentell oft erreicht. Wenn wir allerdings die Interpretation von Wheeler-Feynman zugrunde legen und das Positron als ein Elektron betrachten, welches sich verkehrt in der Zeit bewegt, dann sieht das Diagramm zwar genauso aus, erhält aber eine andere Beschriftung und damit Deutung: Das Elektron ist in einer **Zeitschleife** gefangen!

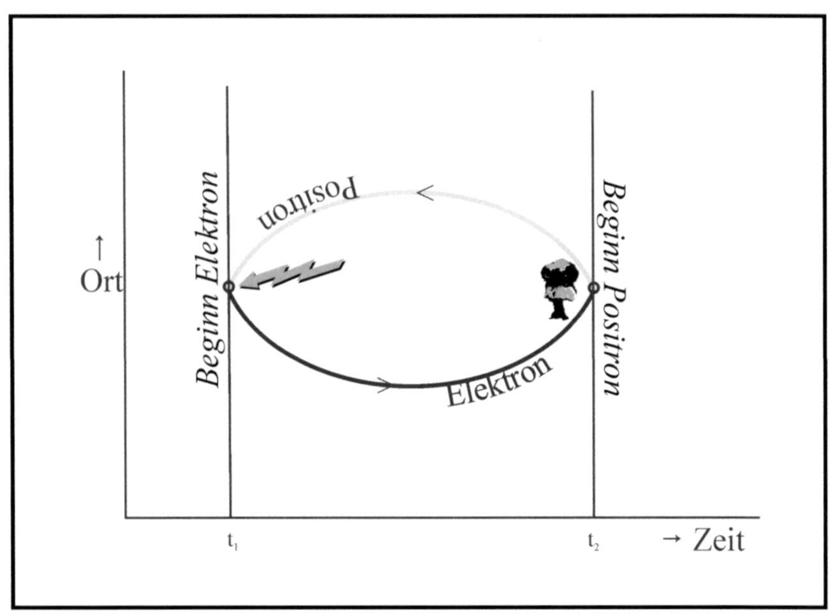

Bild 5: Zeitschleife eines Elektrons. Man beachte die Pfeile der Wanderung durch die Zeit!

Ein Elektron entsteht zur Zeit t_1 scheinbar aus dem Nichts, beschreibt eine leicht gekrümmte Bahn, wandert ab t_2 in der Zeit wieder zurück und beginnt seine Reise erneut bei t_1. Das Ganze klingt ziemlich unlogisch, obwohl alles seine Ordnung hat (wir haben nur die Energien beiseite gelassen). Um einen Bezug zu unseren Oskars herzustellen, modifizieren wir den Versuch ein wenig. Das sieht dann so aus:

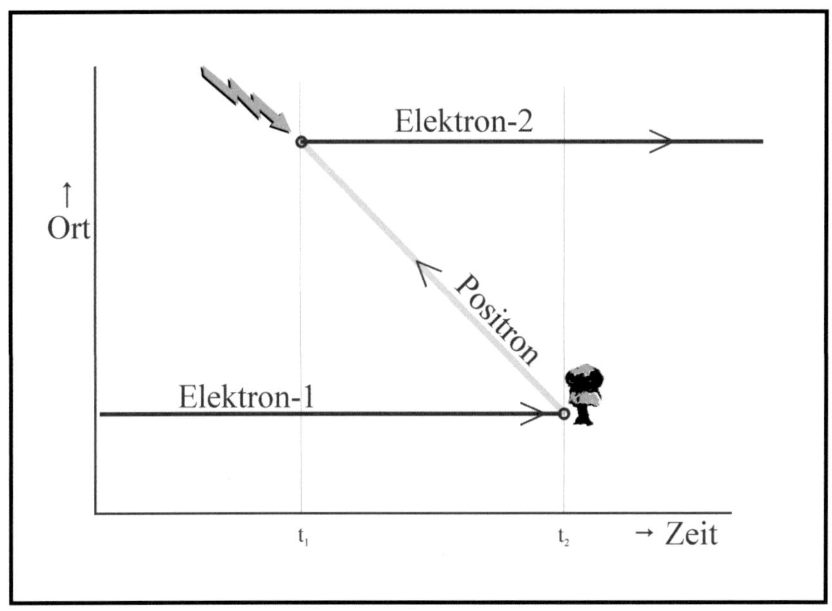

Bild 6: Zeitreise eines Elektrons

Dieses Bild sieht nun genauso aus wie Bild 2, die Reise eines Zeitreisenden in die Vergangenheit. Wir aber interpretieren das Bild gleich richtig, Routine haben wir ja schon. Also: Zur Zeit t_1 entsteht durch einen Gammastrahlenblitz ein Elektron-Positron-Paar (oben links). Gleichzeitig zu dem jetzt entstandenen Elektron-2 existiert schon seit längerem Elektron-1 (unten), das zur Zeit t_2 mit dem Positron zusammenstößt und verschmilzt und die dabei entstehende Energie an die Umwelt abgibt (unten rechts). Elektron-2 bleibt davon unberührt und existiert weiter. Es gibt also von vornherein <u>zwei</u> Elektronen.

Wir identifizieren nun Elektron-1 mit Oskar-1, das Positron mit Oskar-Z, Elektron-2 mit Oskar-2. Dann erhalten wir Bild 2. Und jetzt schauen wir uns die Sache von zwei verschiedenen Standpunkten aus an Als erstes verfolgen wir Oskar/Elektron mit seiner **inter-**

nen (subjektiven) Logik. Mit ihr sieht alles ganz einfach aus: Oskar besteigt seine Maschine, reist durch die Zeit und steigt wieder aus.

Aber "in Wirklichkeit", das heißt von außen und in der normalen Zeitrichtung betrachtet, wird sie Sache erheblich komplizierter. Die **externe oder Kausallogik** besteht darin, die Dinge in Richtung positiver (vorwärtsschreitender) Zeit zu betrachten. So funktioniert schließlich auch die Kausalität: Was zeitlich <u>vorher</u> ist, beeinflusst das, was zeitlich <u>nachher</u> kommt. Nach dieser Logik sieht die Angelegenheit so aus: Zur Zeit t_1 erscheinen, scheinbar aus dem Nichts, ein Elektron und ein Positron. Wir wissen inzwischen: Ungeheure, von Menschenhand gesteuerte Energien veranlassen eine Umwandlung von Energie in Materie. Aber zur Zeit t_2 trifft das Positron auf ein anderes Elektron, und die beiden Teilchen verschmelzen wieder, unter Abgabe der Energie, die das Elektron-1 plus Positron ursprünglich erschaffen haben. Dieses "Auftauchen aus dem Nichts" zur Zeit t_1, das uns beim Zeitreisenden so irritiert, hat hier eine natürliche physikalische Erklärung - der Energiehaushalt wird bei Zeitreisen immer ignoriert!

Oder, um es schematisch auszudrücken:

t_1: Energie $\rightarrow$ Elektron-1 plus Positron
t_2: Elektron-2 plus Positron $\rightarrow$ Energie

Jetzt übertragen wir diese Erkenntnisse auf den Zeitreisen und kommen zu reichlich komplizierten Handlungsabläufen:

t_1: Die "Zeitmaschine" wird eingeschaltet und produziert zwei Kopien von Oskar-1, eine davon aus Antimaterie (Oskar-Z).
t_2: Die Antimaterie-Version (Oskar-Z) verschmilzt mit Oskar-1 unter Abgabe ungeheurer Energien.

Aber was geschieht bei Unterbrechung dieses Ablaufs?

Das Zeitparadoxon: die Lösungen

Mehrere Physiker, die sich mit Zeitreisen beschäftigten, darunter *Kip Thorne* und *Joseph Polchinski*. Sie haben in den 1980er und 1990er Jahren folgende Situation konstruiert (also für theoretisch möglich erklärt): Eine Billardkugel, nennen wir sie "Oskar-1", wird durch die Öffnung eines Wurmlochs gestoßen. Sie kommt am anderen Ende der Raumzeitverbindung in der unmittelbaren Vergangenheit als Oskar-2 in einer solchen Bahn heraus, dass sie ihre eigene Bahn (also die von Oskar-1) stört, sodass sie nicht mehr ins Wurmloch fallen kann, sodass sie am anderen Ende auch nicht heraus kommt, sodass sie sich selber nicht stört, sodass sie also doch ... ad infinitum. Mit anderen Worten: Die Physiker haben, ganz ohne Einwirkung des freien Willens, das Zeitparadoxon erschaffen. Und wie haben sie sich heraus gewunden?

Eigentlich könnte man das, was ihnen einfiel, schamvoll verschweigen, so einfallslos sind die Ideen der größten Denker des 20. Jahrhunderts. Ich will nur zwei erwähnen, die alle auf das gleiche hinauslaufen, auf das "Morgenstern-Prinzip". In dem Gedicht "Die unmögliche Tatsache" von *Christan Morgenstern* wird dessen Antiheld Palmström "an einer Straßenbeuge und von einem Kraftfahrzeuge" überfahren. Im Krankenhaus studiert Palmström die Verkehrsordnung und muss erkennen, dass an diesem Ort gar keine Autos fahren durften. Der Schluss des Gedichts ist in die Deutsche Sprache eingegangen:

> *Und also schließt er messerscharf*
> *dass nicht sein <u>kann</u>, was nicht sein <u>darf</u>.*

So ähnlich argumentiert *Igor Novikov* mit seinem "Prinzip der Selbst-Konsistenz (= Widerspruchsfreiheit)". Es besagt: Zeitparadoxa kann es nicht geben, weil es sie nicht geben darf. Auf dem gleichen Nivo bewegt sich *Stephen Hawkings* "chronology protection conjecture", auf deutsch etwa: die Vermutung, dass die korrekte Abfolge von Ereignissen gewahrt bleibt, und zwar durch die bestehenden Naturgesetze. Und das war's.

Da wollen wir doch unser Hirnschmalz einsetzen und zeigen, wie man dem Paradoxon entgehen könnte. Zur Erinnerung noch mal die Situation, also Bild 3 des vorigen Kapitels:

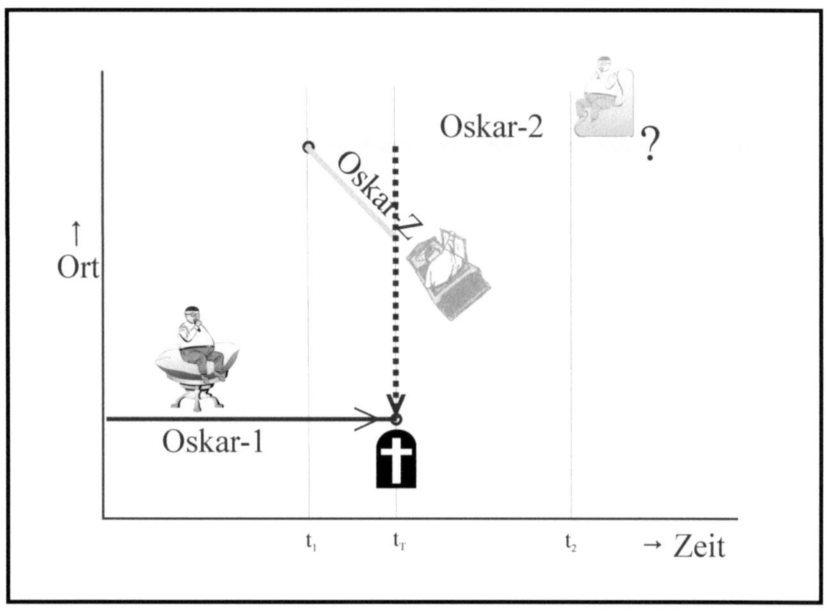

Ersetzen wir nun Oskar-1 und Oskar-2 durch Elektronen, Oskar-Z durch ein Positron, so müssten wir Elektron-1 an der Stelle t_T vernichten, was nicht ganz einfach ist, denn Elektronen sind ziemlich zählebig. Indes, es genügt, Elektron-1 (unten) an der Kollision mit dem Positron (zur Zeit t_2) zu hindern, z.B., indem wir es in seiner Bahn ablenken. Wie das geschieht, soll uns nicht kümmern; es genügt, wenn Elektron-1 aufhört, für das Positron eine Gefahr darzustellen. Dann haben wir eine ähnliche Situation wie beim Zeitparadoxon mit den drei Oskars, und die sieht so aus:

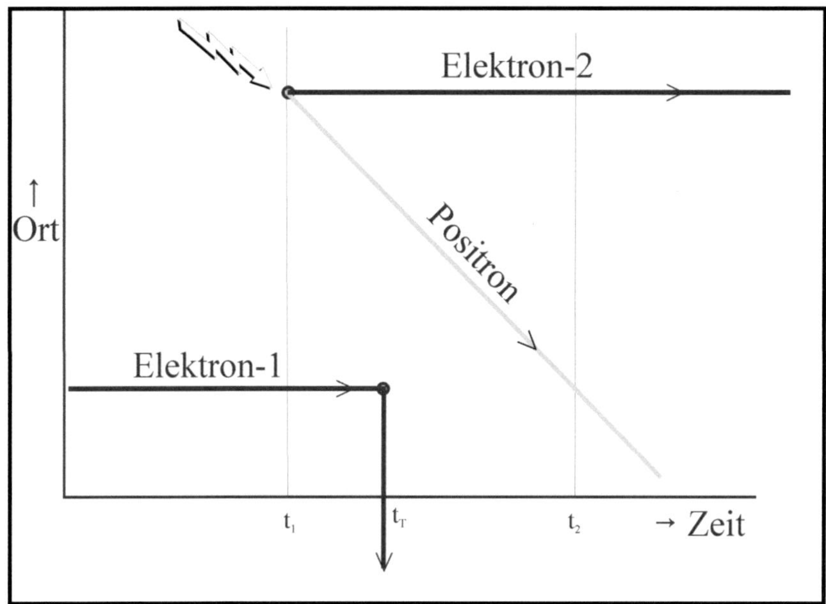

Bild 7: Das Zeitparadoxon mit zwei Elektronen und einem Positron als "Zeitreisendem". Elektron-1 wird zum "Todeszeitpunkt" aus seiner Bahn abgelenkt, kann also mit dem Positron zur Zeit t_2 nicht zusammenstoßen.

Ein verblüffendes Bild: Das Zeitparadoxon betrifft erst mal nur den zeitreisenden Oskar-Z. Der hat, von seinem Standpunkt aus ("Zeitreiselogik"), eine unendliche Vergangenheit, von unserem Standpunkt aus ("Kausallogik") eine unendliche Zukunft in seinem Zeitreise-Schattenreich. Was mit Oskar-1 geschieht, wissen wir nicht. Oskar-2 bleibt auf jeden Fall, es gibt also mindestens zwei verschiedene Bewusstseinszustände.

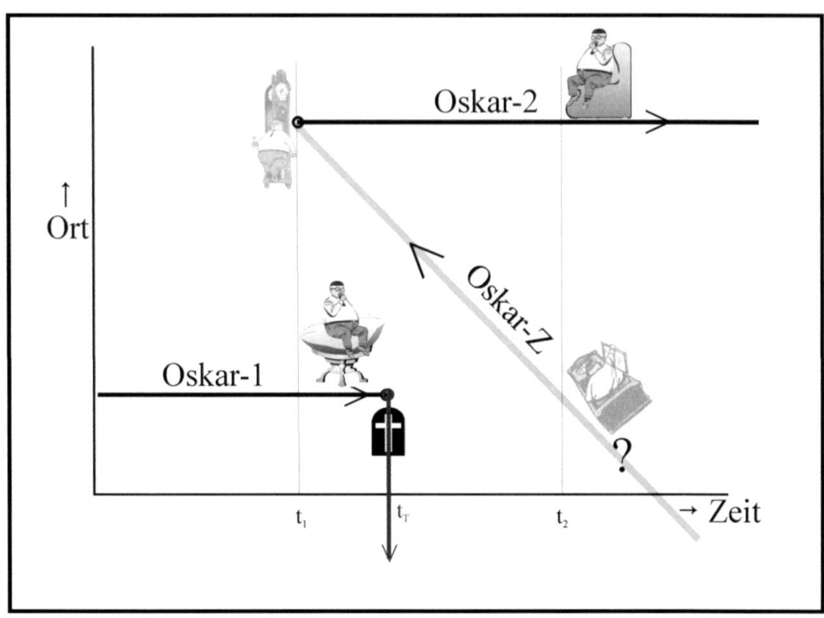

Bild 8: Das Zeitparadoxon ganz anders: Die Zeitreise beginnt nicht in der Zukunft, sondern wird <u>aus der Vergangenheit</u> gesteuert. Der Zeitreisende taucht nie auf, Oskar-1 verschwindet oder bleibt einfach sitzen, Oskar-2 kümmert das alles nicht.

Sollte dieses Bild zutreffen, sollten also die Wheeler/Feynman-Analogien etwas taugen, dann ergeben sich daraus ein paar höchst nüchterne Schlussfolgerungen. Zum Beispiel:

- Um in der Zeit rückwärts reisen zu können, muss der Zeitreisende erst verdoppelt und dann (einer von beiden) in Antimaterie verwandelt werden. Der Energieaufwand dazu entspricht dem Gegenwert von einem Dutzend Wasserstoffbomben. *Isaac Asimov* hat das erkannt und in seinem Roman "Am Ende der Ewigkeit" als Energiequelle für seine Zeitreise-Schächte eine Supernova (die eigene Sonne in ferner Zukunft) verwendet. Zudem ist kaum vorstellbar, wie der Zeitreisende vor den Atomen der normalen Welt geschützt werden kann und wie die frei werdende Energie zur Zeit t_2 entsorgt werden soll.

- Die Zeitreise in die Vergangenheit muss offenbar in der Vergangenheit initiiert werden. Das schränkt Zeitreisen erheblich ein. So sind sie, wie Sciencefiction-Autoren vermuten und Physiker behaupten, nur in jenen Teil der Vergangenheit möglich, in dem Zeitreisen schon existieren.

- Auftretende Selbst-Interferenzen ("Zeitparadoxa") können dazu führen, dass Zeitreisende in einer Schatten- oder Spiegelwelt für immer verloren gehen.

Was also bleibt vom großen Konzept der Welt-Manipulation durch Reisen in die Vergangenheit? Wenig, und das ist eher unromantisch. So sieht eine Zeitreise wirklich aus:

- Ein Mann wird zweifach geklont, die zweite Kopie ist nur nötig wegen der Übermittlung von Informationen aus der Zukunft.

- Der zweite Klon wird in Antimaterie umgewandelt und in die Zukunft geschickt, wo er sich mit dem Original vereinigt, und beide verschwinden. Man kann aber auch sagen: Das Original verwandelt sich in den Zeitreisenden.

- Erst durch dieses Verschmelzen von Original + Antimaterie-Kopie - oder durch die Umwandlung, je nach Standpunkt - gelangt mit dem Zeitreisenden Information aus der Zukunft in die Gegenwart. Gegenstände aber können nicht zurückgeschickt werden. Nur die Erinnerungen des zeitreisenden Klons werden übermittelt. Und dessen Erinnerungen verschwinden möglicherweise, sodass der Zeitreisende gar nicht weiß, was er/sie ändern kann oder soll.

Ob das reicht, eine andere Welt zu schaffen? Indes: Nicht den Mut verlieren. Unsere Überlegungen sind genauso spekulativ wie diejenigen aller anderen, Wissenschaftler wie Schriftsteller. Begnügen wir uns mit den erstaunlichen Gedankengängen versierter SF-Autoren ...

Frank R. Paul: Der Zeitreisende begegnet den Elois. Amazing Stories 1927

Literatur

Fiktionen

Anderson, Poul: **Hüter der Zeiten**. Goldmann 1961

Asimov, Isaac: **Das Ende der Ewigkeit**. Heyne 1955

Karl Michael Armer & Wolfgang Jeschke: **Die Fußangeln der Zeit. Die schönsten Zeitreise-Geschichten. 1. Band.** Heyne 1984

Karl Michael Armer & Wolfgang Jeschke: **Zielzeit. Die schönsten Zeitreise-Geschichten. 2. Band.** Heyne 1985

Schattschneider, Peter: **Zeitstopp**. suhrkamp 1982

Schattschneider, Peter: **Singularitäten**. suhrkamp 1984

Silverberg, Robert: **Zeitpatrouille**. Goldmann 1969

Silverberg, Robert (Herausgeber): **Die Mörder Mohammeds**. Heyne 1967

van Herck, Paul: **Framstag Sam**. Heyne 1981 (1968)

Fakten

Blask, Falco; Windhorst, Ariane: **Zeitmaschinen. Mythos und Technologie eines Menschheitstraums.** Atmosphären Verlag, München 2005

Cahill, Reginald T.: **Process Physics.** Process Studies Supplement 2003 Issue 5

Nahin, Paul J.: **Time Machines. Time Travel in Physics, Metaphysics, and Science Fiction**. American Institute of Physics, New York 1993

Foot, Robert: **Shadowlands. The quest for mirror matter in the universe.** Universal Publishers, Parkland, Florida 2002

Prigogine, Ilya; Stengers, Isabelle: **Das Paradoxon der Zeit. Zeit, Chaos und Quanten.** Universal Publishers, Parkland, Florida 2002

Ripota, Peter: **Symmetrien**. Books on Demand 2007

Ripota, Peter: **Das Rätsel der Quanten: Die Welt des mikroskopisch Kleinen**. Books on Demand 2016

Rothman, Tony: The Seven Arrows of Time. DISCOVER, Feb. 1987

James Gleick: **Time Travel. A History**. Pantheon Books, New York 2016

Alternative Geschichte

Squire, J.C.: **Wenn Napoleon bei Waterloo gewonnene hätte**. Heyne 1999

Simon, Erik: **Alexanders langes Leben, Stalins früher Tod**. Heyne 1999

Demant, Alexander: **Ungeschehene Geschichte**. Vandenhoeck & Ruprecht 1986

Demant, Alexander: **Es hätte auch anders kommen können. Wendepunkte deutscher Geschichte**. Ullstein 2010

Cowley, Robert: **Was wäre gewesen wenn?** Knaur 1999

Tsouras, Peter G. (ed.): **Hitler Triumphant! Alternative Histories of World War II.** Greenhill Books 2006

Ende Teil I

Teil II: Fiktionen

Robert F. Young (1915 - 1986) war ein gebildeter und romantischer amerikanischer SF-Autor, in Frankreich bekannter als bei uns oder in seiner Heimat. Seit 1963 schrieb er Kurzgeschichten für Startling Stories, Playboy, The Saturday Evening Post und Collier's. Sein Stil ähnelt am ehesten dem von Ray Bradbury, doch zeichnen sich seine Erzählungen durch sorgfältige Charakterisierungen und genau durchdachte Handlung aus.

Die folgenden Geschichten erschienen in "Amazing" und "Fantastic". Die Rechte-Inhaber konnte ich nicht ermitteln, zumal der Verlag unzählige Male verkauft wurde und Young nicht Mitglied der "Science Fiction & Fantasy Writers of America" ist. Für Hinweise bin ich dankbar. (c) der deutschen Übersetzung by Peter Ripota.

Bei meinen Illustrationen habe ich die Original-Illustrationen von *Emsh* verwendet, aber auch Stücke von *Finlay, Orban, Lawrence, Fabian.* Zu den Erzählungen noch ein paar Worte:

"Der Sternenfischer", zeigt, wie wenig wir unserem Schicksal entkommen können, wenn wir unbewusst und ohne Reflexion über das eigene Leben dahin vegetieren. Sie illustriert in beängstigender Weise das, was andere Religionen als "Karma" bezeichnen; und sie veranschaulicht, wie schwer es ist, das eigene Schicksal zu ändern, auch wenn die Möglichkeit einer Reise in die Vergangenheit vorhanden ist. Zugleich präsentiert *Young* hier eine tragische Liebesgeschichte, die mit Mord und - verzögertem - Selbstmord endet.

Das gleiche Thema taucht auch in der nächsten Erzählung auf. Der Originaltitel "Redemption" bedeutet "Erlösung" und "Erfüllung", und genau das geschieht hier mit dem Helden. Wiederum macht er sich auf die Suche nach seiner großen Liebe, die offenbar durch seine Schuld aus seinem Leben (und aus dem Leben überhaupt) verschwunden ist; wieder entdeckt er ihren Doppelcharakter als Stripperin und Heilige, als unschuldiges Mädchen und erotische Verführerin. Diesmal geht die Sache allerdings gut aus, denn der Held erkennt sein Schicksal, seine Aufgabe, sein "Karma". Er nimmt es willig an und wird dadurch von seinem Fluch ("Der Fliegende Holländer des Weltraums") erlöst, wonach er auch die Erfüllung findet, die ihm zusteht.

Für nicht-amerikanische Leser noch ein paar Hinweise. Der Held mutiert am Ende der Erzählung zu einer Reinkarnation von *Abraham Lincoln*, der die Hauptstadt Washington (am Fluss Potomac) aus einem schrecklichen Krieg errettet und dabei seine zerbrochene Statue (also die von Lincoln) wieder zusammensetzt. Der Name der Heldin, Annabelle Leigh, stammt aus einem Gedicht von *Edgar Allan Poe*, welches so beginnt:

Es ist so viele Jahre her,
       an jenem Tag, als sie
zu mir kam übers weite Meer,
       jenes Mädchen - Annabel Lee;
und sie kam mit einem Gedanken nur:
       zu lieben, zu verlassen mich nie.

Es geht natürlich schief, wie üblich bei Poe. Das Gedicht hat auch den Schriftsteller *Vladimir Nabokov* ("Lolita") sehr beeindruckt, weshalb bei ihm ebenfalls eine Annabelle Leigh vorkommt. *Young* bietet noch so manche Hinweise auf emanzipatorische Frauen, z.B. *Julia Ward Howe*, eine der angesehensten Führerinnen der Frauenrechtspartei in Amerika.

Viel Vergnügen!

Der Sternenfischer

(The Star Fisherman)

erschienen in FANTASTIC, June 1962

Sie war die einzige große Liebe seines Lebens, aber ein Bösewicht hatte sie ermordet. Eine Reise in die Vergangenheit sollte Aufklärung bringen und den Mord verhindern. Doch diese Reise entpuppte sich für zwei Menschen als Schlittenfahrt in die Hölle ...

Und du sollst in dir kein Mitleid aufsteigen lassen: Leben für Leben, Auge für Auge, Zahn für Zahn, Hand für Hand, Fuß für Fuß. Deuteronomium 19:21

Christopher Stark war ein "beinahe"-Mann. Er war beinahe genial, er war beinahe groß, er war beinahe breitschultrig, er war beinahe gut proportioniert, er war beinahe gut aussehend, Sein Selbstbild hingegen bestand aus allem, was er nicht war.

Ein Selbstbild, das nicht halbwegs mit der Wirklichkeit übereinstimmt, kann zu einem Tiger auf dem Rücken eines Menschen werden. Christopher Starks Tiger krallte sich ständig in ihn, und manchmal wurde der Schmerz unerträglich. Er konnte nie aufhören, mehr sein zu wollen als er war, und er konnte nie aufhören, andere überzeugen zu wollen, dass er tatsächlich mehr war als er war. Ein paar hat er zu Lebzeiten überzeugt, und am Ende, als er im Sterben lag, hat er sich sogar selbst überzeugt.

Mit zwölf Jahren prahlte er gegenüber seiner Jugendliebe, dass er seines Tages einen glänzenden Katamaran erwerben und über das transsolare Meer segeln und sein Netz in die tiefe Schwärze werfen und tausend Fische für ihr Haar fangen würde. Seine Jugendliebe heiratete schließlich den Sohn eines Wurstfabrikanten und wurde eine Prinzessin, aber Chris blieb seinem Wort und seinem Tiger treu, kaufte seinen Katamaran, machte sich auf den Weg und warf sein Netz aus. Für die Weltraumfischerei war er ebenso ungeeignet wie für das Erobern von Frauen, doch dank seines Tigers perfektionierte er seine Tätigkeit in einem Ausmaß, das potenziell begabtere Fischer beschämen müsste. Er verachtete die Fischgründe, die er von den zahlreichen Fischereigesellschaften hätte erhalten können, und so fischte er allein, und die Fänge, die er bei den Tethys-Fischereien ablieferte, waren enorm. So enorm wie seine Kater, die er in die transsolaren Meere mitnahm. Mit den Jahren verachtete er seine Kollegen immer mehr und fischte in immer tieferen Gewässern; und eines Tages, im Herbst seiner Jugend, warf er sein Netz aus und fing einen Toten.

So endete seine Geschichte - und unsere beginnt.

Der Tote trieb im Alpha Centauri Archipel etwa zehn Millionen Meilen von einem Planeten entfernt, der, zusammen mit seinen sieben Schwestern, genauso tot war wie er. Chris fing den Toten nicht mit Absicht - er wusste gar nichts von seiner Gegenwart. Tatsächlich erkannte er erst mal gar nicht, was da in seinen magnetischen Maschen hängen geblieben war - eine massige Gestalt in einem Raumanzug. Manchmal verfingen sich normale Meteore, die wie Diamanten aussahen und von Männern begehrt und von Frauen gern im Haar getragen wurden. Erst als er das Netz einzog und seinen Inhalt vom Lagerdock über die äußere und dann die innere Frachtschleuse in den hell erleuchteten Ladraum zog und auf dem Boden ausbreitete, erkannte er die Natur seines Fangs.

In dem Augenblick, da er das Magnetfeld deaktivierte, fiel der Körper schlaff auf das Deck, mitten unter einer Schar glitzernder "Fische". Sorgfältig schraubte Chris den Raureif bedeckten Helm auf und entfernte ihn. Das Gesicht, in das er starrte, gehörte einem uralten Mann; doch trotz der Spinnweben umflorten Augenwinkel, der eingesunkenen Wangen und der leichenartigen Konsistenz des Gesichts, verströmte er ein schnell dahin schwindendes Strahlen, das Zweifel an seinem kürzlichen Tod aufkommen ließ, obwohl seine nach oben gerollten Augen diesen bezeugten. Egal, der Tod war eingetreten, unwiderruflich, obwohl nicht klar war, ob der Mann vor oder nach seinem Austritt ins All gestorben war.

Er schnitt den Rest des Anzugs weg, und dabei kam ein vom Alter verschrumpelter Körper zum Vorschein, dessen Kleidung die Zugehörigkeit zur Genießerklasse verriet, auch wenn der Anzug viel zu groß war. Systematisch untersuchte er die Taschen. Sie gaben keinen Hinweis auf dessen Identität, aber sie enthielten eine kleine Rolle von Geldscheinen. Er fand auch einen Stift, ein leeres Notizbuch, und eine glänzende neue Fotografie. Er warf Stift und Notizbuch fort und behielt die Geldscheine. Die waren wenigstens ein teilweiser Ersatz für den großen Fang, der ihm durch die Lappen gegangen war. Schließlich betrachtete er die Fotografie.

Nachher war er nicht mehr der gleiche Mensch.

Es war das Foto eines Mädchens. Ein strenges schwarzes Kleid hüllte sie vom Kopf bis zu den Füßen ein, und ein schwarzes Häubchen mit makellos weißem Rand hielt ihr Haar gefangen. Die Zusammenstellung diente dazu, weibliche Reize zu verbergen, nicht, sie zu verstärken, und dennoch schien ihre Lieblichkeit durch mit einer Lebendigkeit, welche die grau brütenden Schatten aus dem Raum vertrieb, in dem er stand. Ihr lohfarbenes Haar brach in Wellen und Ringellocken durch die Ränder ihres Häubchen-Gefängnisses, bildete einen Schein um ihr Gesicht und weichte die aufgesetzte Strenge ihres Munds und Kinns ein wenig auf. Das Gesicht hatte Herzform;

die grünen Augen standen weit auseinander, ebenso wie die slawischen Wangenknochen. Die Wangen waren dünner, als sie sein sollten, und die Nase hatte einen leichten Schwung nach oben; doch keiner dieser Makel konnte den Eindruck einer beinahe vollkommenen Schönheit beeinträchtigen. Was den strengen Stil ihrer Kleidung betraf, half er eher, die Flachheit ihres Bauchs und die Fülle ihrer Hüften darzulegen, während die Kargheit der Kleidung gerade durch ihre Strenge die Tatsache betonte, dass ihre Brüste in voller Blüte standen.

Christopher Stark drehte mit zitternden Fingern das Foto um. Auf der Rückseite fand er einen Namen und eine Adresse in zittrigen Buchstaben: *Priscilla Petrovna, Miltonia, Europa.* Ja, dachte er, das musste Europa sein, denn wo sonst kleideten sich Frauen so, dass sie die Männer vertrieben? Wo sonst war Sex gleichbedeutend mit Sünde? Er selbst war nie dort gewesen, aber er hatte mit Sternenfischern gesprochen, die dort waren. Im Himmel von Europa ließ der massive Jupiter Gedanken an die Hölle aufkommen, und als Resultat dieses Anblicks verschmolzen Katholiken, Protestanten und Juden ihren Glauben zu einem neuen Puritanismus. Man braucht einen puritanischen Gott im Kampf gegen eine sichtbare Hölle, und auf den unfruchtbaren Ebenen Europas wandelten die Geister der berüchtigten Puritaner John Milton und John Bunyan nebeneinander, und wehe denen, die ihre Pfade kreuzten.

Christopher Stark stand zwischen den winzigen fischähnlichen Meteoren, die eines Tages das Haar der Frauen verzieren und von ihren gepiercten Nasen herabhängen würden, der Frauen von Erde, Neu-Erde (alias Venus), und Tethys; er stand neben dem Toten, der ihn um zwei Drittel seines Fangs beraubt hatte; er stand im Dock seines Katamarans mit Robot-Gehirn, am Stahldeck haftend durch seine magnetischen Fischerstiefel. Christopher Stark besah sich das Foto erneut und wusste um sein Schicksal. Frauen waren in seinem Leben eher selten gewesen und nur sporadisch aufgetaucht, abgesehen von denen, die er kaufte und bezahlte, doch auch die wenigen Frauen hatten genügt, ihn wissen zu lassen, dass die Frau, deren Bild er gerade verschlang, die Frau fürs Leben war.

Er sah sich den Toten an. Vermutlich ihr Großvater; vielleicht sogar ihr Urgroßvater. In Jedem Fall wäre Priscilla Petrovna für den Mann vorgesehen, der ihr den Toten zum Zwecke eines anständigen Begräbnisses bringen würde. Er, Christopher Stark, würde dieser Mann sein. Proviant könnte er auf Europa von der N.E.S.N. erhalten, die dort stationiert war - zwar zum doppelten Preis, aber immerhin. Das gleiche galt für Treibstoff. Er brauchte beides, und etwas anderes noch viel dringender. Er brauchte Liebe. Er hatte sie sein ganzes Leben gebraucht, und die Sehnsucht danach hatte in ihm eine Leere erzeugt, die ihm bisher entgangen war.

Er schleuderte die Stiefel beiseite und entschlüpfte seinem Fischeranzug: dann stieg er die Leiter durch die Bodenluke hinunter zur Kombüse. Von dort waren es nur ein paar Schritte zum Steuerraum. Als er über die Türschwelle schritt, erregte der Lukenbildschirm seine Aufmerksamkeit. Für einen Augenblick war er wie betäubt.

Er hatte das Sternbild nie zuvor gesehen. Er wusste nicht einmal, dass ein solches Sternbild existierte.

Der 100-Zoll-Lukenbildschirm reduzierte Objekte auf ein Drittel ihrer wahren Größe; und dennoch war er kaum imstande, das von der Bordkamera übermittelte Sternenmuster darzustellen. Das Muster ergab die Umrisse eines makroskopischen Sternenfischers, der sein makroskopisches Netz auswarf.

Im Vergleich dazu erschienen Orion als Zwerg und Andromeda als Säugling. Die Sterne der Arme und Schultern schimmerten in der gesamten Farbskala von rot zu blau, vom Riesen- zum Zwergstern, von Population I zu Population II. Seine Augen waren Supernovae, sein Haar ein kosmischer Sturm. Der bleiche Schein eines weit entfernten Inseluniversums bildete seinen Nabel, und die Nebelsäulen seiner kräftigen Beine fingen die Rotstrahlung der Centauri-Trilogie ein und warfen sie wieder zurück. Das Netz, das er gerade ausgeworfen hatte und das scheinbar den Katamaran umhüllte, bestand aus dem Glitzern spinnennetzartig aufgereihter naher Sterne, und durch seine Zwischenräume funkelten die Wellen des Weltraummeeres.

Überwältigt von einer Größe, die sein Geist nicht fassen konnte, senkte Christopher Stark unwillkürlich den Blick. Als er wieder aufblickte, war das Sternbild verschwunden, obwohl seine Teile noch vorhanden waren. Die Supernovae seiner Augen waren immer noch da, ebenso der kosmische Sturm seines Haars. Das Inseluniversum seines Nabels pulsierte immer noch schwach in der Unendlichkeit, und die Nebel seiner Beine und seines Torso sandten ihr goldrotes Licht weiterhin ins All. Doch jetzt sah er jeden Teil ohne den Gesamtzusammenhang, und obwohl er sich sehr bemühte, konnte er die Perspektive nicht mehr erlangen, die ihm die Gesamtstruktur vermitteln würde.

Hatte er das Sternbild überhaupt gesehen? fragte er sich, als er eine Zielkarte für Europa stanzte. Oder hatte sein Unterbewusstsein eine visuelle wunscherfüllende Fantasie erschaffen und die dazu nötigen Elemente aus der Umgebung entnommen? Er wusste es nicht und würde es aller Wahrscheinlichkeit nach nie wissen. Aber eines wusste er -

Der Sternenfischer war er selbst gewesen.

Der Sternenfischer

Um einen Eindruck von Europa in der Mitte des dreiundzwanzigsten Jahrhunderts zu erhalten, entferne Frohsinn und jugendliche Ausgelassenheit, und Sport, den müde Obhut verachtet. Entferne warmes Sonnenlicht und sanften Regen. Entferne das Singen der Vögel, die Blumen der Erde, und die Traube, die mit scharfer Logik zweiundsiebzig misstönende Sekten widerlegt. Wirf eine glühende Eichel in den Himmel und nenne sie Sol. Um Miltonia zu erhalten, verstreue eine Handvoll vorfabrizierter kleiner Hütten über einen gefrorenen Sumpf der Verzweiflung, und füge zwei große Hütten hinzu, eine mit einem Kirchturm, der sich wie eine verrostete Nadel in den brütenden Himmel reckt, die andere mit vier phallusähnlichen Kaminen, denen dicker, übel riechender Rauch entquillt. Die Hütte mit dem Kirchturm ist die neupuritanische Kirche, und die Hütte mit den Kaminen ist die Fabrik, wo Omazon, Miltons einziger Existenzgrund, verarbeitet wird. Um Calvinville, Brownsville, Hutchinson's Corner und Bunyantown zu erhalten, wiederhole den obigen Prozess viermal. Arrangiere die vier Dörfer in einem großen Kreis und stelle den Europa-Weltraumhafen in die Mitte. Jetzt brauchst du noch drei weitere Stützen - den Kontrollturm, wo ein widerwilliges Kontingent der Neu-Erde Weltraummarine rund um die Uhr Wache hält; die Baracken, wo das nicht-wachhabende Personal schläft; und das Treibstofflager. Stell den Kontrollturm auf den Umfang des Flughafens und grabe zwei Löcher. Vergrab die Baracken im ersten und das Treibstofflager im zweiten.

Christopher Stark beobachtete vom Kontrollturmfenster die mühsame Anfahrt des Schneetraktors über die Wind zerfressene Ebene. Dem Traktor fuhr ein kleiner Schneeflitzer voran, dessen Fahrer die Botschaft des Kontrollturm-Mitarbeiters überbrachte, wonach ein Schiff mit einem nicht identifizierten Toten gelandet sei, den man im Alpha-Centauri-Archpiel gefunden hätte und der im Besitz einer Fotografie von Priscilla Petrovna gewesen wäre. Auf dem breiten Sitz des Flitzers saßen zwei Frauen und ein Mann.

Chris wartete, bis der kurze Caravan sein Ziel beinahe erreicht hatte, bevor er die Stufen zur Schleuse hinabstieg. Nach dem Schlucken einer Sauerstofftablette ging er hinaus in die dünne kalte Luft. Trotz des unförmigen Anoraks, der sie beinahe vollständig umhüllte, erkannte er Priscilla sofort, und sie sprach er an, als der Traktor grunzend zum Stehen kam. "Ich bin Christopher Stark" sagte er und überreichte ihr das Foto. "Ich dachte, der Mann, den ich gefunden habe, könnte Ihr Großvater sein."

Sie nahm ihm das Foto aus der Hand und sah es mit ihren grüngoldenen Augen an. Chris blickte zu ihr auf und trank ihr Profil in sich hinein. Ja, das war sie, sang sein Herz. Sein ganzes Wesen wusste es nun.

Schließlich steckte sie das Foto in eine Tasche ihres Anoraks und sah auf ihn hinunter. "Wollt ihr uns den Leichnam zeigen?"

Er nickte, und die drei krochen von ihren Sitzen: Sie, der große, mürrische Mann (ihr Vater), und die kleine plumpe Frau (ihre Mutter). Sie folgten ihm zum Kontrollturm und von da zum Lagerraum im ersten Stock, wo der Tote, in eine Plane gehüllt, auf einer provisorischen Bank lag. Chris deckte das Gesicht ab, und die drei Petrovnas betrachteten eine Weile die gefrorenen Gesichtszüge. Schließlich hob Priscilla ihre Augen. "Wollt es euch belieben, uns für eine Weile alleine zu lassen, Mr. Stark?" bat sie.

Er ging hinaus und stand in der Spätnachmittagsdämmerung und versuchte, eine Zigarette zu rauchen. Die sauerstoffarme Atmosfäre bremste ihn aus, und er warf den Stummel gegen die versinkende Eichelsonne. Priscilla tauchte an seinem Ellbogen auf. "Die Leiche ist die meines Großvaters" sagte sie. "Meines Vaters Vater. Meiner Mutter Vater starb, als sie noch ein Kind war." Sie machte eine Pause. Dann, zögernd: "Wollt ihr die Güte haben, uns zu unserer bescheidenen Hütte zu begleiten und unsere Gastfreundschaft während eures Aufenthalts anzunehmen?" fragte sie. "Es wäre bloß eine kleine Entschädigung für den Dienst, den ihr uns erwiesen habt, doch mehr können wir nicht bieten."

"Danke" sagte Chris, kaum fähig, seinen Jubel zu unterdrücken. Plötzlich zuckte er zusammen und sah über ihre Schulter auf den Horizont. Fahle Flammen zuckten überall, und eine geisterhafte Totenblässe sickerte in den Himmel.

Priscilla drehte sich um, den Grund seiner Bestürzung zu erkennen. Dann sagte sie: "Seien Sie nicht beunruhigt. Das ist nur der Planet Jupiter, der gerade aufgeht."

Er sah dem Jupiteraufgang zu, während er im Anhänger des Traktors neben der Leiche saß. Jupiter war in voller Phase und glich auf dem ersten Blick einem monströsen Berg mit Bändern, der aus einem versteinerten Meer emporstieg. Dann erschien sein Roter Fleck, und das Bild verschwand aus seinem Geist. Jupiter war jetzt kein Berg mehr, sondern ein rachsüchtiger Polyphem mit einer einzigen flammenden Kugel. Doch auch diese Metapher erwies sich als unwirksam. Es war, als wären die Himmel auseinander gerissen, um Platz zu schaffen für eine riesige, turbulente Masse, weder Sonne noch Mond noch Planet, vielmehr die Inkarnation der Hölle, und als ob das nicht demoralisierend genug wäre, nahm die Oberfläche von Europa im stumpfen roten Glanz das Aussehen des Tals der Todesschatten an.

Der Traktor kroch durch den Schatten, während die Gebete der drei Petrovnas das Grunzen des Motors übertönten. Christopher Stark hatte den Jupiter vorher nie so nahe gesehen, und die von den Eltern ererbte Religion - eine Mischung aus beruhigenden Sprüchen, Weihnachtsbäumen, Osterglocken, Truthähnen, Preiselbeersauce und Wohlhabenheit, behütet von einem vergebenden Gott - erwies sich als ungeeignet für dieses Gottesgericht. Auf Europa brauchte man einen unbeugsamen Gott mit dem Prinzip "Auge für Auge" - einen Gott, der den Teufel auf seinem eigenen Boden mit dessen eigenen Waffen bekämpfen konnte - und es war ebenso logisch wie unvermeidlich, dass dieser Gott geboren wurde.

Die Totenwache dauerte sieben Tage. Auf Europa konnte man den Tag von der Nacht kaum unterschieden; nichtsdestotrotz wurde die Rotationszeit des Mondes von achtzehn Stunden in drei gleiche Teile unterteilt - Morgen, Nachmittag, und Nacht. Morgens saß Priscillas Mutter neben dem Toten in der kalten Hütte neben Petrovnas Haus; nachmittags saß Priscillas Vater bei ihm; nachts saß Priscilla neben ihm, und neben ihr saß Christopher Stark.

Eine unorthodoxe Umwerbung, gewiss - und ebenso vergebens. Christopher Stark redete, und Priscilla Petrovna hörte zu. Er erzählte vom Weltraum und den Sternen und den Fischen, und vom Vergnügungspark, den er eines Tages in einem bis dato unbestimmten Xanadu bestimmen würde. Als diese Themen keine Reaktion hervorriefen, erzählte er von dem Buch, das er eines Tages schreiben wollte, und als ihn das Buch nicht weiter brachte, gab er sich dem rasenden Tiger hin, der ihn umklammerte, und erzählte von den Frauen, die er gekannt hatte, und obwohl er nicht direkt zugab, dass sie alle die seinen gewesen wären, deutete er selbiges großzügig an. Sie warf ihm einen langen kalten Blick zu, und das darauf folgende Schweigen war peinlicher als alle seine Vorgänger.

Schließlich, in letzter Verzweiflung, ging er aus sich heraus und sagte, was er sagen wollte. Es war in der siebten und letzten Nacht. Während des Tages war das Thermometer knapp über den Gefrierpunkt gestiegen, und der Geruch des Todes lag über dem Raum. "Ich erkenne" begann er, "dass eine Totenwache heilig ist, doch auch die Liebe ist heilig, und da ich morgen abfliegen werde, fühle ich mich berechtigt jetzt zu sagen, dass vom ersten Augenblick an, da ich euer Bild sah, ich in -"

Priscilla hatte sich erhoben. "Wünscht ihr ein Glas Wasser?" fragte sie. "Ich werde euch eines holen" fuhr sie fort und ging, ohne seine Antwort abzuwarten.

Als sie es brachte, versuchte er, ihre Hand zu berühren. Sie fuhr zurück, als wäre er ein Aussätziger. Plötzlich wütend geworden ergriff er ihre Arme und zog sie an sich. Das Wasserglas entglitt ihren Fingern und zerschellte am Boden. Er küsste die Locken, die aus ihrem Häubchen hervorlugten. Er küsste ihre Stirn. Er küsste ihre Lippen. Der Gestank des Toten wurde intensiver, lauerte wie ein übler Dunst im Raum.

Zuletzt ließ er sich los und trat zurück. Ihr Gesicht war weiß, ihr Körper starr. Als Kontrast zu ihrer marmornen Starre brannten goldene Feuer in ihren Augen. Er konnte das Knistern der winzigen Flammen beinahe hören. "Es tut mir Leid" sagte er, entsetzt über seine eigenen Handlungen. "Bitte vergebt mir."

Sie drehte sich wortlos um und kniete neben dem rohen Sarg, in dem der Tote lag. Sie neigte den Kopf und sagte: "Oh allmächtiger und rachsüchtiger Vater, erzwingt welche Strafe auch immer Ihr angemessen findet für die Gotteslästerung, deren Zeuge Ihr in dieser Nacht geworden seid, doch gewähret uns morgen einen nachsichtigen Tag, damit dieser Dein wandernder Pilger, der seine Reise endlich beendet hat, des beruhigenden Banners Deiner Sonne gewärtig wird vor seinem Absturz in den Strudel der Hölle. Gewähret auch, dass er die Kraft finden möge, die Engpässe des Fegefeuers zu überleben, auf dass er zuletzt als gereinigte und erhabene Seele vor Deinen glänzenden Toren erscheinen mag. Amen."

Christopher Stark verließ den Raum auf Zehenspitzen.

Offensichtlich wurde Priscillas Gebet erhört, denn der nächste Tag dämmerte hell und klar heran - wenigstens so hell und klar, wie ein Tag auf Europa überhaupt werden konnte. Das Begräbnis fand am Morgen statt, und damit das ganze Dorf daran teilhaben konnte, wurde die Omazonfabrik geschlossen und die Arbeit auf den entlegenen Feldern blieb liegen, da, wo die flechtenartige Pflanze kultiviert wurde. Christopher Stark saß während der grimmigen Zeremonie in der Kirche, und anschließend folgte er den Miltoniern zum Friedhof. Die mürrischen Gesichtsausdrücke der Erwachsenen und Kinder passten zur kummervollen Predigt des puritanischen Pfarrers, doch keine einzige Träne wurde vergossen, als der rohe Sarg ins frisch aufgeworfene Grab hinab gelassen wurde. In der Tat: Als die drei Petrovnas je eine Handvoll Schnee und Eis ins gähnende Loch warfen, hatte Chris den Eindruck, ihre Sorgen (und die der anderen) stammten nicht von der Trauer des Begräbnisses, sondern davon, dass es nunmehr vorüber war.

An diesem Nachmittag kehrte Priscillas Vater auf die Omazonfelder zurück, und sie und ihre Mutter nahmen die Arbeit in der Verarbeitungsfabrik wieder auf. Allein in der Hütte ging Chris auf dem Boden hin und her, nur beleuchtet vom nackten Schein einer ungeschützten Glühlampe, die von der Decke hing. Er konnte nicht länger bleiben. Sein Katamaran war aufgetankt und mit frischem Proviant versorgt. Er wartete auf ihn in seinem Ankerplatz, sein Bauch ebenso voll Sehnsucht nach den Fischen wie seine Brieftasche nach dem Geld, das sie bringen würden. *Sein* Katamaran? Nein, nicht wirklich seiner. Dank seiner Verschwendung in den neubabylonischen Vergnügungsstätten waren seine rückzahlbaren Schulden ebenso zahlreich wie die Frauen, denen er sie zu verdanken hatte. Nein, er konnte nicht bleiben - aber gehen konnte er auch nicht. Priscilla Petrovna hatte sich inzwischen in seinem Inneren zu einer Krankheit ausgewachsen, eine Krankheit, die nur durch ihre Besitznahme kuriert werden konnte. Der Dämpfer, den ihre prüde Religion über die Trompete ihres Geschlechts gelegt hatte, führte nur dazu, dass diese Trompete umso lauter in seinen Ohren dröhnte.

Würde sie mit ihm kommen? fragte er sich. Die unausgesprochene Frage war so absurd, dass er beinahe laut lachte. Nein, sie würde nicht mit ihm kommen - jedenfalls nicht freiwillig.

Er blieb mitten im Zimmer stehen. Das nackte Licht der Glühbirne über seinem Kopf lockte jedes schmutzige Detail des Zimmers aus der Dunkelheit: den primitiven Steinofen mit seinem unpassenden elektrischen Feuer, den anachronistischen Eisenkessel, der unangepasst über den glühenden Drähten hing; die strengen Stühle mit geraden Lehnen, die erbärmlichen schmalen Fenster, die schäbige Leiter zum zugigen Dachboden. Wäre es wirklich ein Verbrechen, eine Frau aus dieser Umgebung zu entführen? Wäre es nicht viel mehr ein Akt der Barmherzigkeit? Der Katamaran war für drei Personen ausgelegt, und der Proviant würde bei zwei Personen für sechs Monate reichen. In dieser Zeit müsste es ihm doch gelingen, Priscillas Liebe zu erringen, und selbst wenn nicht und sie eine Klage wegen Menschenentführung gegen ihn anstrengen würde, wäre es ihr Wort gegen seines - vorausgesetzt, er würde die Entführung ohne Zeugen bewerkstelligen, oder wenn schon Zeugen, dann solche, deren Zeugnis nichts galt.

Plötzlich erinnerte er sich an die Hypnokamera, die er spontan während seines letzten Aufenthalts in Neubabylon erworben hatte. Die Kamera war ein Kinderspielzeug, konstruiert allein zum Zweck, dass die Zuschauer in Lachen ausbrachen, wenn man jemand hypnotisierte, während man ihn knipste; aber manchmal entpuppte sich ein Spielzeug als Gottesgabe. Er holte die Kamera und studierte die Gebrauchsanweisung auf der Rückseite. Dann stellte er mit zitternden Fingern die Hypnoskala auf die größtmögliche Zeitdauer. Priscillas Abteilung in der Omazonfabrik fing eine Stunde früher an und hörte eine Stunde früher auf als die ihrer Muter, und was den Vater betraf, der arbeitete oft bis Mitternacht in den Feldern. Wenn sich Priscilla nicht weigerte, fotografiert zu werden, stand nichts zwischen ihr und ihrer Entführung, außer den Stunden bis zu ihrem Eintreffen zu Hause.

Chris fürchtete halb, dass sie sich weigern würde. Doch sie tat es nicht, sondern stellte sich ohne Einwand in Positur. Danach musste er ihr nur sagen, dass sie packen solle. Anschließend fuhr er mit ihr im Schneepflug zum Weltraumhafen und sorgte dafür, dass der diensthabende Mann bei N.E.S.N. zusah, wie sie offensichtlich aus eigenem Willen den Katamaran bestieg. Er startete, gerade als die Hölle am Himmel aufstieg.

Das Schwerkraftsteuerzentrum führte die angemessenen Anpassungen durch, und das Robotgehirn brachte den Katamaran in eine geeignete Umlaufbahn um Europa, die es aufrechterhalten sollte, bis das eigentliche Ziel feststand. Christopher Stark verschwendete keine Zeit bei der Festlegung dieses Ziels und fütterte es in den Raumzeit-Nexus-Kompensator - eine obligatorische Vorrichtung, welche die zeitlichen Unstimmigkeiten eliminierte, die bei transphotischen Geschwindigkeiten auftraten. Als der Katamaran der Umlaufbahn entkam und an Geschwindigkeit gewann, verließ er die Steuerkanzel und eilte zu der Kabine, wo er Priscilla zurückgelassen hatte.

Die Wirkung der Hypnose war schon seit einiger Zeit abgelaufen, und er fand sie in der engen Koje liegend und ausdruckslos auf die Decke starrend. Er blieb in der Türfüllung stehen. "Tut mir leid, euch ausgetrickst zu haben.", sagte er. "Ich werde euch gut behandeln, das verspreche ich euch."

Sie gab keine Antwort. Sie drehte nicht einmal den Kopf.

"Schau" sagte er, "du machst die Sache nur schwierig für uns beide. Du bist da, und das kannst du nicht ändern. Wir werden zusammen fischen, du und ich" fuhr er mit Wärme in der Stimme fort. "Ich habe Zusatzangeln und extra Kleidung, du kannst mir beim Einziehen der Netze helfen, und ich werde den Gewinn halbe-halbe mit dir teilen. Einverstanden?"

Der Katamaran zitterte ein wenig, als er C-plus-Geschwindigkeit erreichte, und die Kabinentür ächzte, Kein weiteres Geräusch erfüllte den Raum.

"Schau mich an!" sagte Christopher Stark. "Ich bin kein Ungeheuer. Ich werde dich heiraten, wenn du möchtest. Ich werde dich heiraten, sobald wir mit unserem Fang zurück sind. Ich schwöre es!"

Sie rollte sich auf die andere Seite und starrte auf die Schottwand. Sie sagte kein Wort. Zorn ergriff ihn, er durchschritt den Raum, packte sie an der Schulter und drehte sie um. Der billige Stoff ihres Kleids zerriss unter seinen Fingern. "Welches Recht hast *du*, dich über Sex zu stellen?" wollte er wissen. "Weißt du überhaupt, wozu das verwendet wird, was du und dein Volk produziert? Ich werd dir's sagen - es wird gebraucht, um alte Männer wieder jung zu machen! Omazon, Testosteron, und Schwarzwasserbäder - zähl die drei zusammen und du kriegst alte Racker mit Jungmännergesichtern und Jungmännerkörpern, auf der Jagd nach Mädchen, die so jung sind, dass sie ihre Enkelinnen sein könnten!"

Er fühlte die Weichheit ihrer Schultern unter seinen Fingern, und seine Augen sahen die Weiße ihres Fleisches. Seine Beine wurden schwach, er sank neben ihrer Koje zu Boden. Er zog sie an sich und küsste sie auf den Mund. Sie leistete keinen Widerstand, sie bewegte sich nicht einmal; sie lag bloß schlaff in seinen Armen. Als er sie los ließ, fiel sie auf die Koje wie eine lebensgroße Gummipuppe.

Angewidert schlich er sich davon. Es war seine erste Erfahrung mit passivem Widerstand.

Und nicht die letzte. Auf dem Schiff gab es eine Gandhi-Puppe namens Priscilla Petrovna. Wenn du ihren Arm hebst, fällt er wieder herunter. Wenn du ihre Lippen küsst, bleiben sie leblos. Wenn du sie ansprichst, erhältst du keine Antwort. Denn Gandhipuppen bestehen aus Gummi, und Gummipuppen können weder fühlen noch hören oder sprechen. Und schon gar nicht lieben.

Lichtjahre jenseits der Küsten des Pluto warf Christopher Stark sein erstes Netz aus und leerte seinen ersten Fang in den Laderaum. In den folgenden Monaten füllte sich der Raum Zentimeter um Zentimeter, und so wie die Masse der Fische anwuchs, so wuchs auch Christopher Starks Frust. Eine Gandhipuppe tut einem Mann nicht gut. Schweigend, gefühllos liegt sie passiv in seinen Armen, leblos gegenüber seinem Verlangen, gleichgültig gegen seine Begierden, teilnahmslos seiner Liebe gegenüber. Egal, wie sehr er sie liebt, ohne ihre Liebe kann er seine eigene Liebe nicht über einen Kuss erheben, und nach einiger Zeit ist er nicht einmal mehr dazu imstande. Doch seine Liebe hält an, möge sie noch so durchkreuzt und ignoriert werden. Er ist ein leidenschaftlicher Adonis, mit einer passiven Venus geschlagen, die nichts von den Listen der Liebe weiß, und die eine heiße Begegnung als Sünde gegen ihren sittenstrengen Gott betrachtet. Er ist ein dem Untergang geweihter Adonis, der unbewusst seine eigene Vernichtung sucht, nicht, weil er sich für liebesunfähig hält, sondern weil er seiner Liebe kein Ventil verschaffen kann. Doch seine Venus wird er niemals loslassen.

Als er mit seinem sechsmonatigen Fang Tethys erreichte, öffnete Christopher Stark die Tür zu seiner Venus und sagte: "Ich sperre dich jetzt im Wohntrakt ein, während ich den Markt besuche. Das Schiff bleibt im Trockendock für Reparaturen an der Außenhülle und für Proviant-Aufstockung, aber es wird dir nichts helfen, wenn du schreist oder gegen die Wand hämmerst. Die Leute vom Trockendock werden dich nicht hören, und selbst wenn und sie dich heraus lassen würden, könntest du den Hafen ohne Pass nicht verlassen. Adieu."

Schweigen. Das Zuschlagen der Kabinentür.

Um dir Tethys in der Mitte des dreiundzwanzigsten Jahrhunderts vorstellen zu können, entferne die nachdenkliche Nonne, so devot und rein, so nüchtern und standhaft und spröde. Entferne Einsamkeit und Furcht. Entferne den Sumpf der Verzagtheit und das Tal der Todesschatten. Hol zurück die Traube, die mit scharfer Logik zweiundsiebzig misstönende Sekten widerlegt, und verbanne die Geister der Puritaner John Milton und John Bunyan aus dem Land. Wirf eine kleine Eichel in den Himmel und nenne sie Sol, hol einen gigantischen Edelstein aus reinstem ruhigen Schimmer und nenne ihn Saturn. Um dir Neubabylon vorzustellen, mach dir eine Trillionen-Dollar-Seifenblase in deiner makroskopischen Pfeife und lege sie auf das Land und veranlasse, dass grünes Gras darunter wächst, und verstreue Kristallstrukturen rund herum. Füge Straßen hinzu und Lachen, Liebesdienerinnen und Gin; misch dich freizügig unter Huren und Zuhälter. Beschmutze dich in einer üblen Straße oder deren zwei, und lass die Hundertdollarscheine, die du von den Fischereien rund um den Hafen ausgezahlt bekommen hast, herunterregnen wie große blaue Schneeflocken. Um dir die anderen sieben Städte der Ebene vorzustellen, wiederhole dieser Prozedur sieben Mal.

Nach dem Verkauf seines Fangs eilte Christopher Stark zur Fischgasse. Die Fischgasse ist eine lange, gewundene Schlangenstraße, in der du alles kaufen kannst, sofern es in gewissem Sinn unmoralisch oder illegal ist. Dort kannst du dir Lotterielose kaufen, Pässe, Geburtsurkunden und stimulierendes Gas. Dort kannst du Mundgewehre kaufen, Fingernägelklingen, Stampfhacken, Augengauner und Strychnintabletten mit Kaffeegeschmack. Du kannst schmutzige Bilder kaufen, schmutzige Bücher, schmutzige Zeichentrickfilme, schmutzige Filme mit echten Schauspielern, und schmutzige Schallplatten, und wenn du es wirklich willst, dann kriegst du dort auch schmutzigen Schmutz. Am wichtigsten aber: Dort gibt es *Stong*.

Stong war schwarz gebrannter Wein vom Mars, doch seine Besonderheit hörte da nicht auf. Er verwies normalen Wein auf die Stufe von reichlich verdünntem Essig. Von *Stong* wurde man nicht betrunken, sondern verrückt. Man wurde nicht "high", sondern schwebte in eine Umlaufbahn. Es nahm dich nicht aus dir, es trennte dich von dir. Es war der beste Freund deiner unbewussten Triebe, und in der Fischgasse ging es deinen Trieben besser als sonst wo.

Christopher Stark betrat die erstbeste *Stong*-Bar und bestellte einen Drink und sagte der Kellnerin, sie solle die Flasche an der Bar stehen lassen. Er hatte keine Angst, verrückt zu werden. Das war er schon. Verrückt nach einer Gummipuppe. Verrückt nach einer Gandhipuppe. Verrückt nach passivem Widerstand. Nein, er brauchte sich nicht zu sorgen, verrückt zu *werden*.

Der erste Drink durchspülte ihn wie Sonnelicht nach langem Regen. Der zweite stieß die Tür zum Frühling auf. Der dritte verwandelte die fette und skrofulöse Bardame in Iphigenie. Der vierte transformierte die Bar, welche als Vorbild für Maxim Gorkis *Nachtasyl* dienen konnte, in den Tempel der Diana aus Ephesus. Die fünfte machte aus dem Straßenmädchen am Nebentisch die Göttin Diana.

Er ergriff die Flasche und ging zu ihr hinüber und setzte sich neben sie. "Hast du schon mal was von einer Gandhipuppe gehört?" fragte er. "Hör zu, ich erzähl es dir."

"Ich weiße einen besseren Ort zum Reden" sagte Diana.

"Wegen dem Gandhimädchen" beharrte Chris. "Siehst du, da war der Alte, der schwebte im Raum, den Alten hab ich im Netz gefangen, wie ich grade einen Schwarm verfolgte." Plötzlich hieb er die Faust auf den Tisch. Heiße Tränen rannen ihm über die Wangen. "Der verdammte Alte" sagte er, "der verdammte dreckige Alte! Wär der nicht gewesen, ich hätte sie nie getroffen."

"Klar, Fischerjunge, ich verstehe. Komm, wir gehen zu mir, da kannst du mir alles erzählen."

Der Tempel der Diana drehte sich dreimal um die Achse und Diana verdoppelte sich. Chris streckte die Hand aus und fasste eine ihr vier Hände. "In Ordnung" sagte er, "gehen wir."

Das dreckige Zimmer, in dem er zwölf Stunden später erwachte, glich Raskolnikows Dachstube im alten St. Petersburg. Sein Kopf war eine frische Wunde, und Diana war weg. Seine Brieftasche auch. Als er sich aufsetzte, rannte eine fette Tethys-Schabe den Bettpfosten entlang, klapperte über den schmutzigen Boden und verschwand in einem Loch in der Wand.

Er suchte Diana. Dank seiner Gewohnheit, ein paar Dollarscheine in einer anderen Tasche aufzubewahren, war er nicht völlig blank, und als er sie endlich fand, hatte er einen Teil seines Katers kompensiert. Sie saß in einer überfüllten *Stong*-Bar mit ihrem Luden. Bloß, jetzt war sie nicht mehr Diana, sondern eine alte Hure mit dem Gesicht einer römischen Ruine.

Er war wütend auf sich selbst, weil er sie aufgegabelt hatte. So durchquerte er den Raum, griff sich ihren Geldbeutel und leerte den Inhalt auf den Tisch. Seine Geldscheine waren nicht dabei. Sie war so hinüber, dass sie ihn nicht einmal erkannte, und sie begann zu schreien. Wahrscheinlich hätte sie sowieso geschrieen. Er griff sich ihren jungen, pomadisierten Luden und durchwühlte dessen Taschen. Seine Finger fühlten eine Rolle Scheine, und er konfiszierte sie. Der Lude griff sich seinen Arm. "Dieb!" rief er. "Taschendieb!" Er sah der Menge Unzufriedener, Schurken und Außenseiter ins Auge, die sich um ihn versammelte. "Ihr habt es gesehen - wollt ihr ihm das durchlassen?"

Chris versuchte, seinen Arm zu befreien. Der Lude klammerte sich daran, als ob er ertrinke. Der Kordon schloss sich um den Tisch, und Chris drehte sich, zusammen mit dem anderen. In plötzlicher Wut wirbelte er noch dreimal herum, sprang dann über den auf dem Boden hingestreckten Körper und wand und krümmte sich den Weg auf die Straße. Jemand hatte die Polizei gerufen, und ein Polizeihubschrauber landete gerade. Instinktiv begann er zu laufen.

Als er erkannte, dass er nur die Aufmerksamkeit auf sich zog, verlangsamte er seine Flucht zu einem forschen Gang. Wäre Priscilla auf seinem Katamaran nicht gewesen, er wäre zur Bar zurückgekehrt und hätte versucht, seine Geschichte klar zu machen. Mit Priscilla als Anhang wagte er es nicht. Sie länger als ein paar Tage einzusperren, ging nicht. Wenn die Polizei ihm nicht glaubte und ihn für längere Zeit in Haft nahm, müsste er Priscilla erwähnen. Dann konnte sie aus Rache eine Anklage wegen Menschentführung gegen ihn einleiten, und selbst wenn ihre Gefangennahme keinen Verhaftungsgrund böte, war da immer noch die Hypnokamera mit dem unentwickelten Film, den er dummerweise nicht über Bord geworfen hatte. Nein, er konnte nicht zurück, selbst wenn er durch sein Weglaufen das Recht verlor, vor einem Urteil als unschuldig zu gelten - ein Handicap, das praktisch seine Verurteilung nach sich zog, wenn er nach dem ging, was er über das Recht auf Tethys gehört hatte.

Nach Verlassen der Stadtmauern blieb er im Trockendock stehen, um seine Gebühren zu bezahlen. Das Visiphon summte, während der Beamte ihm die Quittung überreichte. "Ja?" sagte der Beamte, zum Hörer gewandt.

Das Gesicht auf dem Bildschirm strahlte Autorität aus, ebenso wie die Stimme, die aus dem Telefon-Lautsprecher herauskrächzte. "Leutnant Berrand, Polizei Neubabylon. Wir haben einen Haftbefehl gegen einen Christopher Stark. Haben Sie zufällig sein Schiff im Trockendock?"

Also wussten sie schon seinen Namen! Seine einstige Diana musste seine Identitätspapiere gelesen haben, bevor sie diese wegwarf, und deswegen konnte sie seinen Namen der Polizei nennen - obwohl sie dazu vermutlich gedrängt wurde. Er verließ das Büro innerhalb einer Sekunde und rannte zu seinem Schiff. "Haltet ihn, irgendwer!" schrie der Beamte. "Haltet ihn!"

Niemand reagierte. Der Katamaran war aus dem Trockendock auf einen Liegeplatz gebracht worden und nun zum Start bereit. Nach dem Verschließen der äußeren und inneren Schleusentore sah er sich die Segelplanke an; auch sie war geschlossen. Dann stellte er im Steuerraum das Radio auf die Polizeifrequenz von Neubabylon ein. Die Anklage gegen ihn belief sich auf räuberische Körperverletzung - eine Anklage, die auf Grund neuer interplanetarer Gesetze zu einem fünfjährigen Freiheitsentzug führen würde. Vielleicht war das Ganze ein verdecktes Gottesgeschenk. Jahrelang hatte er eine Macht über und jenseits seines eigenen Willens benötigt, die ihn von Tethys fern hielt, und jetzt hatte das Schicksal ihm eine geliefert. Tethys hatte sich vor kurzem vom irdischen Empire losgesagt und stand im Augenblick bei den Behörden von Erde und Neuerde so in Misskredit, dass es bei Auslieferungsanträgen mit keinerlei Kooperation rechnen konnte. So würde er ab jetzt seinen Fang auf Neuerde anbieten und seinen Profit auf einer zuverlässigen Bank deponieren. Auch auf Neuerde gab es Kloaken, und eine der schlimmsten war das große Fischzentrum, aber im Vergleich zu Neubabylon zeigte sich Nantucket II als Kindergarten voller Gedichte; es bot recht wenig an Versuchungen für einen anspruchsvollen Fischer wie er einer war. Er würde dessen koschere Küste nur so lange aufsuchen, bis er die Papiere hatte, die er brauchte, was war alles.

In ein paar Minuten hatte er den leeren Raum erreicht, und seine Zugbrücke loderte hell im Sog der Düsen. Nachdem der Katamaran mit C-plus durchs All raste, suchte er die Wohnräume auf, um nach seiner Gandhipuppe zu sehen. Er sah zuerst im Aufenthaltsraum nach, aber da war sie nicht. Dann sah er in der Kombüse nach, aber da war sie auch nicht. Ihre Kabine hob er sich bis zuletzt auf. Wahrscheinlich lag sie schmollend auf der Koje. Doch das war nicht der Fall. Ihre Koje war leer, desgleichen die Kabine.

Und so fühlte sich plötzlich auch Christopher Stark.

Stunden später weckte ihn das Klappern der Einstiegsluke in der Kombüse aus seiner Lähmung. Beim Nachschauen sah er, dass das Schloss zerbrochen worden war, und er entdeckte auch gleich das Stemmeisen, mit dem die Tat verübt wurde. In seiner Kabine fand er die Schublade mit seinem Notgeld aufgebrochen und das Notgeld verschwunden. Jetzt wusste er wenigstens, wie seiner Gandhipuppe die Flucht gelungen war, und wie sie die Mittel erlangt hatte, sich den Weg nach Neubabylon zu erkaufen. Was er nicht wusste: Wie er fünf lange Jahre ohne sie auskommen sollte. Der Betrunkene mag wissen, dass er ohne Alkohol besser dran wäre, doch dieses Wissen erleichtert in keiner Weise sein Verlangen.

Was macht der Betrunkene, wenn ihm der Alkohol weggenommen wird und die Bar fünf Jahre lang geschlossen bleibt? Antwort: Ist er klug genug, nimmt er die Lage, wie sie ist, und versucht sich selbst zu heilen.

Auf diese Weise versuchte Christopher Stark auch, sich selbst von Priscilla Petrovna zu kurieren. Als erstes suchte er nach Ersatz und fand ihn teilweise in der Perfektion seines Gewerbes und teilweise im Schreiben des Buchs, das schon jahrelang in ihm brodelte. Er fischte nicht mehr aufs Geratewohl, sondern brütete über vielen Karten der transsolaren Meere, bis er die Koordinaten eines jeden Fischgrunds auswendig wusste und die wahrscheinlichen Bahnen zu den Fischschwärmen für Jahre vorausberechnen konnte. Während der regelmäßigen Aufenthalte auf Nantucket II zur Vermarktung seines Fangs besuchte er keine Bars, sondern Banken und Bibliotheken, wobei er seinen Gewinn in den ersteren deponierte und jegliche Information über Sternenfischerei in den letzteren sammelte.

Er schrieb das Buch viermal, bis er der Sprache so mächtig war, dass er das, was er sagen wollte, so sagen konnte, wie es gesagt werden musste. Danach warf er, mit einem beruhigenden Stipendium als Rücklage, die ersten vier Versionen fort und machte sich an die fünfte. Schließlich fingen die Worte zu fließen an; schließlich gewannen die Szenen an Tiefe und Farbe; schließlich befreite sich die Handlung vom Morast abgedroschener Phrasen, unter denen sie gelitten hatte, und sie begann zu fliegen. Er schrieb über sich selbst, oder dachte dies. Tatsächlich wurde sein Selbstbild zum Helden. Aber das war schon in Ordnung. Wenige Romanciers besitzen die Ehrlichkeit eines Stendhal, und selbst Stendhal war oft nachlässig, wenn er sich selbst zu Papier brachte. Christopher Starks Aktör war ein Fischer namens Simon Peters. Er war groß und breitschultrig und wohlproportioniert. Er war brillant und schön. Tatsächlich war er ein Halbgott, und wie die meisten Halbgötter besaß auch er eine Achillesferse, und seine Achillesferse waren die Frauen. Er fischte Frauen genauso gern wie Fische, und seine Fänge in beiden Kategorien gingen ins Uferlose. Im Hintergrund ragte das gigantische Sternbild des Sternenfischers empor, den Christopher einst - vor Jahrhunderten, wie es schien - erhascht hatte - und über der gesamten Handlung lag der leere Raum. Der Titel ergab sich von selbst: *Die Fische des Meeres*.

Als er gegen Ende des vierten Jahres auf Nantucket II Landete, schickte er das Manuskript an einen Neubostoner Verlag und wartete auf eine Antwort. Er wartete sechs Wochen lang, in welcher Zeit sein damaliges Vergehen verjährte, sodass er die Tore von Neubabylon wieder durchschreiten konnte. Als schließlich die Antwort eintraf, wollte er ungeduldig fort, verrückter denn je nach seiner Gandhipuppe. Die Kur hatte ihn nur noch hungriger gemacht, anstatt seinen Appetit zu sublimieren, und seine Krankheit war nunmehr ein chronisches Leiden.

Doch obwohl die Kur in einer Hinsicht erfolglos gewesen war, belohnte sie ihn reichlich auf einem anderen Gebiet. Der Verlag stimmte einer Veröffentlichung seines Manuskripts zu, und als er Nantucket II in Richtung Tethys verließ, war sein Bankkonto noch größer geworden, dank des erhaltenen Honorars. Jetzt war er vierunddreißig, der Herbst seiner Jugend vergangen; aber der Winter blieb, und Winter, so sagte man, wäre die süßeste Jahreszeit von allen. Abwarten.

Bevor er sich auf die Suche nach Priscilla machte, ging er zur Polizeistation von Neubabylon und stellte sich. Nach einer knappen Stunde war er wieder draußen, mit dem erzürnten Ratschlag, er solle aufpassen, wo er hingehe, gefolgt von einem nicht minder erzürnten Hinweis, dass er das nächste Mal vom Großen Bruder beobachtet werde, und der würde schon wissen, wie man mit ihm umgehe. Er lachte und schlug den Weg zur Fischgasse ein. Es war der erste April 2253.

Diesmal blieb er nicht in der ersten *Stong*-Bar, die er aufsuchte, auch nicht in der zweiten oder dritten. Vielmehr begann er eine systematische Tour durch verschiedene Hinterzimmer-Agenturen, die sich auf die Ausstellung falscher Pässe spezialisiert hatten. Die gesuchte Information war nicht leicht zu bekommen, doch Geldscheine haben überzeugende Zungen, und im sechsten Hinterzimmer baggerte ein gebeugter alter Mann eine fünf Jahre alte Erinnerung aus seinem Gedächtnis, betreffend die Kundin, die Chris so akribisch beschrieb. Ja, sie war da gewesen, sagte der alte Mann. Dass er sich an sie erinnerte, lag an ihrer seltsamen Kleidung. Welchen Namen sie verwendet hatte? An den konnte sich der alte Mann auch noch erinnern, wegen des eigenartigen Klangs. Petrovna hatte sie geheißen. Priscilla Petrovna. Nein, sie hatte nichts davon erwähnt, dass sie Neubabylon verlassen wollte; im Gegenteil, der alte Mann hatte den Eindruck gehabt, dass sie sich hier niederlassen würde.

Chris schnitt eine Grimasse. Er hätte sich ein halbes Hundert blauer Scheine sparen können, indem er einfach ihren Namen im lokalen Visiphon-Verzeichnis suchte. Genau das nahm er sich nun vor, als er die Fischgasse verließ. Es gab nur eine Petrovna - ein Fräulein Priscilla Petrovna. Er atmete erleichtert aus. Sie war also noch nicht verheiratet.

Sollte er sie anrufen? fragte er sich.

Er entschied sich dagegen. Trotz ihrer Teilnahmslosigkeit in gewissen Situationen waren Gandhipuppen durchaus imstande, das Visiphon auszuschalten. Sie waren auch imstande, Türen zu verschließen, aber nicht, wenn er seinen Fuß dazwischenstellte. Die aufgeführte Adresse lautete *206-9 Sternenweg*. In ein paar Minuten konnte er dort sein, mit einem Antischwerkrafttaxi.

Das tat er auch. Im Sternenweg gab es ausschließlich bescheidene Apartements. Als er die Rampe zum Apartement Nr. 206 hinaufstieg, merkte er, dass er zitterte. Plötzlich wurde er wütend auf sich selbst. Bedeutete ihm diese kleine Neupuritanerin soviel, obwohl sie den Boden verachtete, auf dem er ging, einfach deshalb, weil er in den Augen ihres rachsüchtigen Gottes ein Sakrileg begangen hatte, dass er immer wieder um sie herumscharwenzeln würde? Selbsthass schüttelte ihn. Er würde sich sofort umdrehen und sein Schiff betreten, so schnell, wie ihn seine Füße tragen konnten, und losfliegen in die transsolaren Meere! Doch er ging weiter auf die Rampe zu.

Im neunten Stock betrat er einen engen Korridor und ging ihn entlang bis zu einer Tür mit ihrem Namen drauf. Immer noch zitternd und sich selbst verachtend drückte er mit seinem Zeigefinger auf den Besucherknopf. Er war beinahe erleichtert, als die Tür sagte: "Fräulein Petrovna ist nicht zu Hause." "Hat sie gesagt, wohin sie geht?" fragte er.

"Ja" sagte die Tür. "Zu ihrem Arbeitsplatz - sechs-eins-null Spaßstraße."

Er war sprachlos. Priscilla arbeitet in einem *Spaß*haus? Priscilla war ein *Spaß*mädchen? Seine kleine neupuritanische Gandhipuppe unterhielt *Männer* zum Broterwerb? Er konnte es einfach nicht glauben. Er glaubte es auch nicht, bis er den Eingang der Nr. 610 der Spaßstraße durchschritt und sie auf einem der Tische tanzen sah.

Es war kein besonders schlüpfriger Tanz. Dennoch war er schockiert. Er war schockiert allein wegen der Tatsache, dass Priscilla tanzte. Er wäre sogar schockiert gewesen, hätte sie nur stillgestanden. Ihre Anwesenheit auf dem Tisch war Grund genug für seine Schockiertheit. Ihr enges, hüftlanges Kleid hätte auch genügt, ganz zu schweigen vom Ring in ihrer Nase und ihrem kurzen Haar. Sie brauchte gar nicht zu *tanzen.*

Er blieb im Eingang stehen, unfähig zu einem weiteren Schritt. Saturn war aufgegangen und schien wie ein schimmerndes Juwel durch das durchscheinende Dach. Sein silbriger Glanz floss verschwenderisch in den Raum und badete Personen wie Gegenstände in ein Licht, das der Helligkeit, nicht aber der Härte irdischen Sonnenlichts glich. Während er das raffinierte Spiel zwischen silbernem Schimmer und etwas dunklerem silbernen Schatten beobachtete, meinte er zu verstehen, warum Priscilla sich verändert hatte.

Sie hatte sich verändert, weil die Hölle nicht mehr über ihrem Haupte hing. Sie hatte sich verändert, weil sie Sex nicht mehr mit Sünde gleichsetzen musste. Sie hatte sich verändert, weil sie nicht länger im Tal der Todesschatten wandelte.

Er zwang sich weiter in den Raum, tiefer in das Juwelenlicht. Da sah sie ihn und blieb mitten im Tanz stehen. Die *Avantgarde*-Combo, die ihre Bewegungen begleitete, hielt ebenfalls inne, und ein Donnerschlag des Schweigens zerbrach die Kakophonie. Priscilla verjagte die Stille. "Chris!" rief sie, sprang vom Tisch und rannte über den Boden zu ihm. "Chris!"

Wiederum fand er sich in einem Zustand völligen Unglaubens. Er erwachte daraus, als er ihre Küsse auf seinen Lippen spürte. "Chris!" sagte sie erneut, "Chris, Chris! Ich hab die Tage und die Monate und die Stunden gezählt. Ich wusste - ich hoffte, ich betete - dass du zurückkommen würdest!"

Sie spazierten Hand in Hand durch den silbernen Saturnregen zu ihrem Apartement. Sie erklommen die Rampe Seite an Seite mit schwingenden Armen und verhakten Fingern. Er wohnte jetzt tief in einem Traum, einem Traum aus Verwunderung und Freude. War das die gleiche Priscilla Petrovna, die schweigend neben ihm in der kleinen kalten Hütte auf Europa gesessen hatte? War das die träge Gandhipuppe, die ihn in den Wüsten des transsolaren Meeres fast um den Verstand gebracht hatte? Wo waren die goldenen Feuer des Hasses, die einst so hell in ihren Augen brannten? Sicher waren sie noch nicht völlig erloschen.

In ihrem Wohnzimmer sagte sie: "Ich habe dich so vermisst, Chris."
In ihrem Schlafzimmer sagte sie: "Das sind die anderen."

Der Tanz

Es war schwierig, den klaftertiefen Traum zu verlassen. "Die anderen?" sagte er wie ein Golem aus Holz. "Welche anderen?"

Sie deutete auf eine Reihe von Schnappschüssen an der Wand über ihrem Bett. "Du weißt schon, welche anderen." sagte sie.

Er lehnte sich über das Bett und hielt sich an seinem Pfosten fest. Die Schnappschüsse zeigten ausschließlich Männer. Er sah sie sich nicht genau an - er wusste, er würde krank werden, wenn er es täte - aber er zählte sie. *Neun*, zählte er, *neun*.

Er richtete sich auf. Einen Moment dachte er, er würde in Ohnmacht fallen. Priscilla sah ihn triumphierend an, und die goldenen Feuer brannten wieder in ihren Augen. *Mein Gott, wie sehr muss sie mich hassen!* dachte er. Er hatte natürlich gewusst, dass es andere Männer geben musste - ihre gepiercte Nase verriet es ihm. Aber dass sie ihm diese Männer ins Gesicht schleuderte! Sie als Peitsche gegen ihn zu verwenden! Es wäre ihm nicht im Traum gekommen, dass es einen solchen Hass geben könnte.

Er stolperte aus dem Zimmer. Sie eilte ihm nach, holte ihn ein, als er die Tür zum Flur öffnete. "Jetzt, wo du Bescheid weißt, was wirst du dagegen tun, Christopher Stark?" sagte sie.

Wut schüttelte ihn, seine Hände sprangen hoch und ergriffen ihre Kehle. "Ich werde dich töten" hörte er seine eigene heisere Stimme. "Ich werde dich erwürgen, bis jedes Stück verfaulten Lebens aus dir heraus ist!"

Sie rührte sich nicht und zeigte auch nicht das geringste Zeichen von Furcht. Sie wusste genauso wie er, dass seine Worte leer waren; denn so sehr sie ihn auch verletzte, seine Liebe hatte sie nicht zerstört. Ein Mann kann keine Frau töten, nur weil sie ihn hasst. Er musste sie auch hassen - und Christopher Stark suchte sein Gleichgewicht.

Seine Hände fielen herunter, und er rannte aus dem Zimmer. Er rannte den Gang entlang und die Rampe hinunter auf die Straße. In der Straße stieß er beinahe mit einer Frau zusammen, die den Eingang des Apartementhauses gerade betreten wollte. Er zwang sich zum Gehen. Er ging und ging. Der Silberregen des untergehenden Saturn wurde blasser und verschwand. Die Straßenlaternen begannen zu leuchten. Er ging immer noch. Nach einiger Zeit führten ihn seine Schritte automatisch, und er verließ die Tore von Neubabylon und betrat den Weltraumhafen. Sofort wurden seine Glieder schwer, und aus reiner Gewohnheit nahm er eine Sauerstofftablette. Aus den Augenwinkeln sah er zwei neubabylonsche Polizisten. Sie waren gerade aus der Absperrung gekommen und eilten in seine Richtung. Er hielt inne und stand da und wartete auf sie und fragte sich nebenbei, was sie von ihm wollten, aber ohne große Sorge. Geistesabwesend bemerkte er, dass einer von ihnen eine Hypnopistole in der Hand hielt. Jetzt hob er sie; ein Kaleidoskop wirbelte vor Christopher Starks Augen. "Ich verhafte Sie wegen Mordes an Priscilla Petrovna" sagte der Beamte mit der Pistole. "Jawohl" sagte Christopher Stark mechanisch, und ging mit den beiden Beamten zurück in die Stadt.

Name des Opfers: Priscilla Petrovna

Zeit und Datum des Todes: 17:23-17:34, 1. April 2253, N.E.S. Zeit

Ort des Todes: Nr. 206-9 Sternweg, Neubabylon, Tethys

Todesursache: Erwürgen

Mordwaffe: zwei Hände

Zeugen: (1) Apartement Nr. 9 Autotür; (2) Sarah Bennett

Bemerkungen: Der Angeklagte bestand darauf, dass er, trotz der Anwesenheit seiner Fingerabdrücke sowohl auf der Kehle der Verstorbenen als auch in ihrem Schlafzimmer, und trotz des Zeugnisses der Autotür, deren Speicherzellen seine Worte aufzeichneten ("Ich werde dich töten. Ich werde dich erwürgen, bis jedes Stück verfaulten Lebens aus dir heraus ist!"), und des Zeugnisses von Sarah Bennett, die ihn gegen 17:25 am Mordtag wegrennen sah, mit der Verblichenen in tiefer Liebe verbunden gewesen wäre und mithin unfähig, sie zu erwürgen. Die Vergangenheit des Angeklagten hingegen verweist darauf, dass er zu Gewaltausbrüchen neigt, und die verzehrende Liebe, die er gegenüber der Verblichenen zugab, gilt als zusätzliches Beweismittel für seine Schuld, besonders, da er (wie er selber zugab) die Schnappschüsse in ihrem Schlafzimmer sah. Inso-

fern verzichtet das Gericht auf eine Untersuchung dieser Schnappschüsse, da eine solche Vorgehensweise den Ruf der dort Abgebilde-
ten schädigen würde, ohne einem Zweck zu dienen.

Name des Angeklagten: Christopher Stark

Beruf: Sternenfischer

Sie verurteilten ihn zu vierzig Jahren Zwangsarbeit in der Strafkolonie auf Deimos. Im Vergleich zu Deimos ist das berüchtigte Gefängnis Alcatraz ein freundliches pazifisches Atoll. Deimos ist ein echt
harter Brocken. Nach einer marsianischen Sage war Deimos einer
der beiden Felsen, die der Riese Felikannibub in plötzlicher Wut an
den Wurzeln packte und gegen die Sonne schleuderte. Unglückli-
cherweise warf er sie nicht stark genug für das Verlassen der marsianischen Schwerkraft, denn der Himmel des Mars sähe ohne ihn viel
besser aus. Deimos ist hässlich und missgestaltet, und sein Anblick
ist ebenso inspirierend wie der Anblick eines alten Schuhs.

Die Strafkolonie, die von den guten Menschen auf Tethys für die
Züchtigung ihrer Schwerkriminellen erbaut wurde, ist schon lange
zu einer Ruine zerfallen. Schon zu Christopher Starks Zeiten sah sie
wie eine Ruine aus. Das eigentliche Gefängnis bestand aus gewalti-
gen Steinblöcken und umschloss einen düsteren Innenhof, der eu-
phemistisch als Übungsplatz bezeichnet wurde. Das Streben der Ge-
fangenen richtete sich auf zwei Ziele: gehen am Platz und schlafen
in den Zellen. Zusätzlich gab es ein freiwilliges drittes Ziel: denken.
Und darin lag die Folter; darin lag der Preis, den der Gefangene für
sein Verbrechen anderen gegenüber zahlen musste. Darin lag Wahn-
sinn.

Außer man konnte seinem Denken eine Richtung geben, wie es
Christopher Stark tat. Außer man musste einen Mord eliminieren,
wie es Christopher Stark tat. Außer man war entschlossen, seine
wahre Liebe wieder zu sehen, wie es Christopher Stark tat

Nach dem Abbüßen seiner Strafe wäre Christopher Stark vierundsiebzig Jahre alt. Mit etwas Glück konnte er noch zehn Jahre leben.
Wie sollte er diese Jahre am besten verbringen? Wie sollte er am

besten die Tage und Wochen und Monate nutzen, damit er dann, wenn der Tod ihn an der Hand nahm, nicht mit leeren Händen dastehen würde? Nacht für Nacht lag Christopher Stark einsam, aber wach, in seiner Zelle, starrte durch die Zellenluke auf die orangefarbene Weite des Mars und dachte über diese Frage nach. Und die ganze Zeit über wusste er die Antwort. Denn wenn es zwei Priscillas gegeben hatte, musste es auch eine dritte geben. Die neupuritanische Priscilla repräsentierte den einen Ausschlag des Pendels, das Spaßmädchen Priscilla den anderen. Zwischen den beiden Extremen musste es eine Priscilla geben, die die beiden Gegensätze miteinander verband, die Neupuritanerin mit dem Spaßmädchen; kurz: die zu jener Sorte Frauen gehörte, in die sich der Durchschnittsmann verliebt, um sie dann zu heiraten. Diese Priscilla wollte er verfolgen, und in dessen Verlauf die Vergangenheit ändern und den Mord zunichte machen.

Ein großes Ziel, in der Tat; doch *Die Fische des Meeres* waren ein phänomenaler Bestseller geworden, und Christopher Stark war reich. Vielleicht nicht so reich wie Krösus, aber reich genug, sich ein paar Dinge leisten zu können. So lag er Nacht für Nacht auf seiner Koje und sah durch die Zellenluke ins Gestern. Deimos kreiselte um seine Bahn in der weiten und komplexen Großvateruhr des leeren Raums, und Mars rotierte und die Erde rotierte, und das Sonnensystem kroch unbemerkt seine Bahn entlang innerhalb einer Bahn, und das Feuerrad der Milchstraße wanderte träge mit ihren Schwestern NGC 147, NGC 185, NGC 205, NGC 221, NGC 278, NGC 404, NGC 598, und M 31 in eine Richtung, die dem Menschen für immer verborgen bleiben würde, und schließlich verging ein Trillionstel einer kosmischen Sekunde, und vierzig Jahre rannen den Bach der Zeit hinab.

Das Schild an der Mattglastür lautete HICKMANs VERJÜNGUNGSZENTRUM, *Zweigstelle Neuerde*. Der alte Mann, der gerade aus dem Aufzug kam, öffnete die Tür und trat ein. "Ich habe eine Verabredung mit Dr. Hickman" teilte er dem Mädchen hinter dem äußeren Büroschreibtisch mit. "Mein Name ist Christopher Stark."

Das Mädchen betrachtete ihn gleichzeitig wissend und verachtungsvoll, dann nickte sie in Richtung Innenbüro. "Sie dürfen jetzt reingehen" sagte sie.

Dr. Hickman war ein drahtiger kleiner Mann mit hellen braunen Augen und dünnen braunen Haaren. Er erhob sich, als Chris eintrat, und schüttelte ihm die Hand. "Wollen Sie nicht Platz nehmen, Mr. Stark?"

Christ tat es. "Als erstes" sagte er, "möchte ich wissen, wie viele Jahre ich verlieren werde."

Dr. Hickman lehnte sich vor. "Als erstes, Mr. Stark, muss ich wissen, wie alt - oder besser, wie jung - Sie sein möchten."

"Fünfundzwanzig" sagte Chris.

"Hmhm."

"Außerdem möchte ich ein anders Gesicht, etwas Erfreulicheres als das, was ich jetzt habe, und anders, damit man mich nicht erkennt. Ich möchte auch breitere Schultern und fünf Zentimeter mehr in der Höhe. Können Sie das alles bewerkstelligen?"

"Oh ja" sagte Dr. Hickman. "Das gehört zu unserem üblichen Service. Wie alt sind Sie jetzt?"

"Vierundsiebzig" antwortete Stark.

"Aha."

Dr. Hickman holte ein glänzendes Notizbuch aus seinem Schreibtisch, blätterte es durch, bis er die gewünschte Seite gefunden hatte, und ließ den Zeigefinger zwischen zwei parallelen Abbildungsreihen hinuntergleiten. "Unter der Annahme, dass Sie halbwegs gesund sind, müssen Sie zehn Jahre gegen zwei tauschen, Mr. Stark."

Chris nickte. Er hatte auf drei Jahre gehofft, aber Bettler können nicht wählen, selbst wenn sie reich sind. "Wie lange wird es dauern?"

"Drei Monate - vielleicht auch vier." Dr. Hickman räusperte sich. "Ich fühle mich aus ethischen Gründen gezwungen darauf hinzuweisen" fuhr er mit ernster Stimme fort, "dass wir fünf-zu-eins-Beschleunigungen nicht empfehlen. Es besteht immer die Gefahr einer Beschleunigung des Zellzusammenbruchs gegen Ende zu, verbunden mit einer rapiden synaptischen Verschlechterung sowie -"

Chris unterbrach ihn. "Ich riskiere es - geben Sie mir einfach die zwei Jahre. Also, wie schnell können wir anfangen?"

Dr. Hickman seufzte. "Gleich jetzt, wenn Sie wollen."

"Gut" sagte Christopher Stark "ich bin es Leid, ein alter Mann zu sein."

Das Schild auf der ramponierten Tür lautete: V. WESTON, ELEKTRONIKEXPERTE. *Spezialist für Ganglionschaltkreisreparaturen.* Der große breitschultrige junge Mann mit den alten Augen, der gerade einem Antischwerkrafttaxi von Nantucket II entstiegen war, öffnete die Tür und trat ein. Ein Mann in mittlerem Alter mit schütterem Haar und müdem Gesicht stand hinter einem Tisch voller Werkzeuge. "V. Weston?" fragte der Besucher.

Der Mann in mittlerem Alter nickte. "Jawohl."

"Ich bin Simon Peters" sagte der große Mann. Dann: "Was wissen Sie über Raumzeit-Nexus-Kompensatoren?"

Weston Stimme klang eifrig. "Tja, ich weiß alles darüber, was man überhaupt wissen kann. Ich kann sie blind zerlegen und wieder zusammensetzen. Ich kann -"

"Gut" sagte Simon Peters. "Ich hab einen und möchte, dass Sie ihn zerlegen. Er ist auf einem kleinen Fang, den ich gerade kaufte. Wenn Sie ihn wieder zusammen bauen, möchte ich, dass Sie seinen Mechanismus so abändern, dass ich ihn auf jeden Punkt der Raumzeit einstellen kann. Dann werde ich einen Kurs berechnen, der die nötige räumliche Entfernung enthält, und dann werde ich diese Entfernung mit der notwendigen transphotischen Geschwindigkeit synchronisieren, und dann landet das Schiff innerhalb weniger Stunden am gewählten Punkt. Können Sie das bewerkstelligen?"

V. Westen war bleich geworden. "Ja, das kann ich machen, Mr. Peters. Das ist nicht das Problem. Sicherlich ist Ihnen die Nexus-Vorschrift des interplanetaren Gesetzestexts bekannt."

"Gewiss" sagte Simon Peters. "so bekannt, dass ich sie Wort für Wort zitieren kann. 'Jegliche Person, die der willentlichen Manipulation eines Raumzeit-Nexus-Kompensators überführt wurde, soll mit Gefängnis nicht über fünfundzwanzig und nicht unter zehn Jahren bestraft werden, und jegliche Person, die der willentlichen Manipulation eines Raumzeit-Nexus-Kompensators zum Zwecke der Retroreise überführt wurde, soll mit dem Tod bestraft werden.' Sie werden Ihnen sagen, Mr. Weston, dass die Vergangenheit denjenigen gehört, die dort lebten, und dass wir Gegenwärtigen uns aus ethischen Gründen raushalten sollen; aber was sie Ihnen nicht sagen, ist ihre Angst vor einer Person, die in die Vergangenheit reist und infolge ihres Wissens ein Vermögen anhäuft, wobei sie eine Kette finanzieller Aktivitäten in Gang setzt, an derem Ende die Armen von heute möglicherweise reich und die Reichen von heute arm sein könnten. Sie sehen, Mr. Weston, Retroreisen sind nicht ethisch verwerflich - sie bergen nur gewisse finanzielle Risiken für die Mächtigen."

Westons schnelles Blinzeln zeigte, dass er begriffen hatte. Aber er hatte ihn noch nicht gewonnen. "Die Strafe ist immer noch der Tod, Mr. Peters" sagte er.

"Schauen Sie" sagte Simon Peters. "Ich weiß nicht, ob ich die Vergangenheit ändern kann. Ich meine - ich hoffe - ich kann es, in ganz kleinem Rahmen. Aber selbst wenn ich's mache und dabei die Zukunft tatsächlich verändere, wird das niemand bemerken. Sollte man Sie festnehmen, Mr. Weston, dann garantiert nicht wegen etwas, das ich in der Vergangenheit mache - oder getan habe. Schiffe verschwinden jedes Jahr, und soweit wir wissen, reisen sie und ihre Besitzer in das Gestern; aber ich habe nie gehört, dass jemand verurteilt oder überhaupt nur angeklagt wurde, weil er einen Raumzeit-Nexus-Kompensator manipuliert hatte. Also: Worüber Sie sich einzig Sorgen machen müssen, ist meine Bezahlung, und darüber müssen Sie sich wirklich keine Gedanken machen, denn ich zahle, was Sie wollen. Was sagen Sie, Mr. Weston?"

Westons Gesicht verlor ein wenig von seiner Müdigkeit, und er stand ein klein wenig aufrechter da. "Ich mag nicht mehr arm sein" sagte er.

"Gut" sagte Simon Peters. "Kommen Sie, ich bringe Sie zu meinem Gerät."

Er wählte das Datum mit großer Sorgfalt. Das Verjüngungszentrum hatte ihm zwei Jahre gewährt, aber er konnte sich kein Risiko leisten; also erlaubte er zwei Wochen Bewegungsfreiheit und tauchte in der Stratosfäre von Tethys am fünfzehnten April 2251 auf, ein Jahr, elf Monate und zwei Wochen vor dem Tag, an dem Christopher Stark das Apartement von Priscilla Petrovna verlassen würde, um anschließend des Mordes an ihr angeklagt zu werden - oder auch nicht.

Nachdem er angelegt hatte, betrat er Neubabylon. Erst versuchte er es in der Spaßstraße, darauf wettend, dass seine wahre Liebe ihre Karriere bereits begonnen hatte. Die Wette gewann er: Er fand sie in dem gleichen Haus, in welchem Christopher Stark sie in einem Jahr, elf Monaten und zwei Wochen vorfinden würde.

Sie saß an einem Ecktisch, ganz allein. Ihr noch unbeschnittenes lohfarbenes Haar fiel auf ihre Schultern. Ihre Wangen waren voller als in Miltonia, und Mund und Kinn blickten nicht mehr ganz so streng in die Welt. Er ging zu ihr und setzte sich neben sie. "Du bist neu hier, nicht wahr?" sagte er.

Sie erschrak, als sie ihn zum ersten Mal ansah, und einen Augenblick dachte er, sie hätte ihn erkannt. Anscheinend hatte sie das nicht, denn sie sagte bloß: "Nicht wirklich neu. Ich bin schon einen

Monat hier. Nach den drei Jahren in einem Kleiderladen scheint das der Himmel zu sein."

"Oh, dann bist du nicht so ganz neu. Mein Name ist Simon Peters."

"Priscilla - Priscilla Petrovna."

"Möchtest du mit mir tanzen?"

Sie nickte erfreut und stand auf. Eine *Avantgarde-Combo* war nicht zu sehen, dafür kam unterdrückte Musik aus unsichtbaren Lautsprechern. Die Kante des äußeren Saturnrings zeigte sich gerade durch das durchscheinende Dach. Sie wieder zu sehen hatte ihn beinahe zerrissen. Mit ihr zu tanzen tat es dann wirklich. Er hielt sie eng an sich gepresst, damit sie die Tränen nicht sehen konnte, die über seine Wangen rannen, und bei der nächstbesten Gelegenheit wischte er sie heimlich weg. Die Tanzfläche war beinahe leer, und niemand bemerkte sein Elend.

Er blieb bei ihr, bis ihre Pflichttour abgelaufen war, dann ging er mit ihr durch die Straßen von Neubabylon zu dem Apartementhaus, wo sie lebte. Es war das gleiche, in dem sie leben würde, wenn Christopher Stark die Szene betreten würde. War die Wand über ihrem Bett noch unbefleckt von den Schnappschüssen, die einst hier hängen würden, fragte sich Simon Peters, oder war die anstößige Ausstellung bereits in Szene gesetzt? Ihre Nase war noch ungepierct, das stimmte; doch das Tragen von Nasenringen war eine Gewohnheit, kein Gesetz, und eine ungepiercte Nase war kein unfehlbares Zeichen für Jungfräulichkeit. Der Kleine-Mädchen-Kuss, den sie ihm auf die Wange drückte, als sie einander Gute Nacht sagten, beruhigte ihn, und er summte zufrieden, als er die Straßen durchwanderte, auf der Suche nach einem geeigneten Platz zum Wohnen.

Von nun an sah er sie jeden Tag. Es schien ihr nichts auszumachen. Er kaufte ihr Stolen und Kleider und Unterwäsche, und Fische für ihr Haar. Doch die Liebe, die er suchte, kam nicht in ihre Augen, und obwohl ihre Küsse meilenweit entfernt von den Gandhipuppen-Küssen waren, die er im transsolaren Meer erfahren hatte, waren sie immer noch weit entfernt von den Küssen, die eine Frau dem Mann auf die Lippen drückt, den sie liebt. Umso überraschter war er, als sie ihn einige Monate nach seiner Umwerbung fragte, ob sie seine Geliebte sein könnte.

Sie tanzten gerade. "Du kennst die Antwort ohne zu fragen" sagte er, als sein Erstaunen schließlich abflaute. "Du hast sie gewusst, als ich zum ersten Mal herein kam und mich neben dich setzte."

"Ja" sagte sie, "ich glaube, das stimmt. Seltsam, nicht wahr, wie zwei Menschen einander einfach in die Augen sehen und wissen."

"Ja" sagte er und sah ihr in die Augen, ohne die Liebe zu finden, die dort sichtbar sein sollte. "Warum fragst du mich nicht, wenn du schon dabei bist, ob ich dich heiraten will?" fragte er. "Ich könnte ja sagen."

Sie war erstaunt. "Dich heiraten? Oh, das könnte ich nicht machen. Weißt du -"

"Ja?" sagte er.

"Nichts. Ich möchte einfach nicht heiraten - jedenfalls noch nicht. Wollen wir gehen?"

"Ich hol dir den Mantel" sagte er, lauter, als sein Herz klopfte.

Am nächsten Tag begleitete er sie, als sie ihre Nase piercen ließ, und anschließend kaufte er ihr den teuersten Nasenring, den er auftreiben konnte. Sein Herz jubilierte, während er die Auswahl eines Fischanhängers überwachte, welcher der Helligkeit ihrer Augen Gerechtigkeit widerfahren lassen würde. Immerhin war er ihr erster Liebhaber gewesen, er, Simon Peters alias Christopher Stark.

Seine Euphorie schwand dahin, als sie eine kleine Kamera kaufte und darauf bestand, einen Schnappschuss von ihm zu machen. Hielt ihn die Zeit zum Narren? War er nur der erste einer ganzen Reihe von Liebhabern, die er gerade verhindern wollte? War sein Schnappschuss einer der neun, die Christopher Stark gesehen hatte - sehen würde - an der Wand über ihrem Bett? Er sah diese Nacht nach, fand aber nichts. Auch nicht in der nächsten Nacht, oder in der übernächsten. Ein Teil seines Unwohlseins verschwand, und als die Monate vergingen und die Wand leer blieb, verschwanden auch langsam seine Ängste.

Aber nicht lange. Obwohl sie seine Geliebte war, zog Priscilla weder zu ihm noch erlaubte sie ihm zu ihr zu ziehen. Auch war es ihm verboten, sie jede Nacht zu besuchen, unter dem Vorwand, dass er ihrer überdrüssig werden würde. Da er sich nicht zu oft in der Öffentlichkeit blicken lassen wollte, aus Angst, als *der* Christopher Stark identifiziert zu werden, gegen den eine Anklage wegen räuberischen Raubes vorlag, verwandte er als Folge dieses Ausgeschlossenseins den Großteil seiner Zeit zum Brüten in seinem kleinen Zimmer, das er gemietet hatte. Die Anregung für sein Brüten kam jedoch nicht aus der Befürchtung, er würde ihrer überdrüssig werden, sondern daraus, sie würde seiner überdrüssig werden.

Die Zeit verging, und er hegte allmählich den Verdacht, sie habe einen weiteren Liebhaber. Nicht wegen irgendwelcher direkter Anhaltspunkte, sondern wegen des Erblühens ihrer jungen Weiblichkeit, ein Prozess, der sich gerade in ihr vollzog. Er war sich sicher, selbst nicht die Ursache für dies Veränderung zu sein, nicht für das erwartungsvolle Licht, das immer häufiger in ihren goldgrünen Augen aufblitzte, nicht für das Lächeln, das immer hemmungsloser auf ihren Lippen tanzte, nicht für das Glück, das ihrem Gesicht einen immer stärkeren Glanz verlieh; aber wenn er nicht die Ursache war, dann jemand anderer, und das musste jemand sein, den sie liebte.

Vielleicht hatte er alle ihre Liebhaber außer einen beseitigt. Und das könnte der eine sein, der ihr nach dem Leben getrachtet hatte - bzw. trachten würde.

Er würde sehen - bald. Viel zu bald.

Als er sich für zwei Jahre entschied, meinte er zwei Jahre im Leben eines jungen Menschen. Das Verjüngungszentrum hatte ihm einen jungen Körper gegeben, aber nicht den Geist eines jungen Menschen. Als Resultat hatte er sich die Ansichten eines alten Mannes bewahrt, und zwei Jahre für einen Mann von vierundsiebzig sind eine Schwindel erregende Schlittenfahrt einen immer eisigeren Hang hinab. In Simon Peters Fall lag die Ziellinie im Tal der Todesschatten.

Als die Landschaft der Tage und Wochen und Monate aufleuchtete, begannen Vorboten des Endes heraufzudämmern. Sein Schritt verlor die Leichtigkeit, sein Atem wurde kurz; sein Augenlicht verschleierte sich, sein Gehör begann nachzulassen. Doch kein unmittelbares Zeichen seines Verfalls war zu sehen. Er wirkte immer noch jugendlich und gesund; keine Falten verunzierten sein ansprechendes Gesicht, und seine Augen erschienen leuchtend und klar.

Indes, er lag im Sterben, und er wusste es. Manchmal, wenn er des Nachts erwachte und nicht mehr einschlafen konnte, vergrub er sein Gesicht an Priscillas Brust und klammerte sich an sie wie ein erschrecktes Kind. Und wenn sie nicht da war und das Bett sich als sein eigenes herausstellte, dann barg er seinen Kopf im Kissen und weinte. Langsam, unvermeidlich, zerrann seine Zeit.

Am Nachmittag des ersten April 2253 stand Simon Peters im Schatten hinter der *Avantgarde-Combo*, als Christopher Stark das Spaßhaus betrat. Christopher Stark sah ihn nicht. Christopher Stark sah niemanden außer das tanzende Mädchen. Simon Peters folgte ihnen, als sie gingen. Als sie Sterngasse 206 betraten, versteckte er sich rechts vom Eingang. Bestürzt sah er, dass Christopher Stark termingerecht aus dem Haus rannte. Er hatte gehofft, die Abfolge der Ereignisse ein klein wenig geändert zu haben, indem er die Schnappschüsse beseitigte. Er eilte in das Gebäude, gerade als Christopher Stark beinahe mit Sarah Bennett zusammenstieß. Niemand sah ihn, und auch auf der Rampe fand er niemanden vor. Schwer atmend erreichte er den neunten Stock, er musste eine Pause einlegen. Ein Blick auf seine Uhr zeigte ihm die Zeit: 17:27 Uhr. Er musste sich beeilen: Ihr potenzieller Mörder war vielleicht schon in ihrem Apartement. Er griff sich die Hypnopistole, die er heute Morgen gekauft und die er in der rechten Manteltasche mit sich getragen hatte, und eilte den Gang hinunter.

Ihre Tür war angelehnt. Ohne stehen zu bleiben stieß er die Tür ganz auf und trat ein. Priscilla stand im Wohnzimmer mit einem Gesichtsausdruck, den er an ihr noch nie gesehen hatte. Sie sah erschreckt hoch, als er eintrat; dann kroch Enttäuschung in ihre Augen. "Ach, du bist's." sagte sie.

Ohne auf sie zu achten durchquerte er den Raum und sah in die Küche. Keiner da. Dann ging er ins Schlafzimmer. Auch da war niemand. Gut, dachte er. Er würde auf ihren Mörder warten.

Dann sah er die Schnappschüsse. An der Wand über ihrem Bett. Er ging durch das Zimmer und lehnte sich auf die Bettbrüstung. Er zählte. *Neun* zählte er. *Neun.* Die erste Person schien ihm erstaunlich vertraut. Bei genauerem Hinsehen entpuppte sich das erste Foto als Schnappschuss von ihm.

Sie war ihm ins Zimmer gefolgt. "Simon, was ist in dich gefahren -" begann sie. Dann folgte ihr Blick dem seinen. "Oh, du hast sie gesehen. Die waren nicht für dich gedacht."

"Zweifellos deine Liebhaber" konfrontierte er sie.

"Nein, nicht wirklich - außer dem ersten. Außer dir. Die anderen waren Männer von der Straße, denen ich erlaubt habe, mich heim zu begleiten. Ich hab keinen von ihnen anschließend je wieder gesehen. Siehst du, einer hätte nicht gereicht." Sie streckte den Arm aus und streichelte beinahe sanft seine Wange. "Armer Simon" sagte sie, "dich wollte ich nicht auch noch verletzen."

Er fühlte, wie sich die Muskeln seines Gesichts verkrampften, und hinter seiner Stirn pochte es. "Wen wolltest du verletzen?"

Sie seufzte. "Hör mir zu, ich will versuchen, es zu erklären. Auf Europa, wo ich gelebt habe, kam eines Tages ein Mann mit einem Toten, von dem er glaubte, es wäre mein Großvater. Auf Europa sind die Menschen verzweifelt unglücklich, und wenn die Menschen verzweifelt unglücklich sind, dann finden sie Trost nur durch jemanden, dem es noch schlechter geht. Wenn man einem Mädchen auf Europa einen Toten bringt, ist das so ähnlich wie wenn man einem Mädchen auf Neuerde eine Schachtel Pralinen schenkt. Sie wird sie nicht ablehnen, selbst wenn sie ihr gar nicht gehört. Die Eltern wären dagegen, die Dorf-Mitbewohner auch. Also wird sie behaupten, das gehöre ihr - und wenn sie irgendwie menschlich ist, wird sie eine zarte Seite in ihrem Herzen für den Mann entwickeln, der ihr dieses Geschenk bereitet hat. Bei mir war das gar nicht nötig. Ich war für ihn entflammt von dem Augenblick an, da ich ihn sah - so sehr, dass ich nicht zu sprechen wagte, um mich nicht zu verraten."

Simon Peters betrachtete die Schnappschüsse an der Wand. Seine Stimme brach, als er sagte: "Weiter."

"Oh ja" sagte sie, "die Schnappschüsse. Die - die anderen Männer." Er sah sie an, und er sah die goldenen Feuer hell ihren Augen tanzen, die goldenen Feuer, die er einst für Feuer des Hasses gehalten hatte, die sich jetzt als Feuer der Liebe entpuppten. "Er schleuderte mir seine Frauen ins Gesicht, das hat dieser Mann getan" fuhr Priscilla fort, "und jetzt habe ich ihm meine Männer ins Gesicht geschleudert. Jetzt sind wir quitt. Fünf Jahre lang habe ich mich auf diesen Augenblick vorbereitet, wenn er zurückkommen würde. Jetzt ist er wieder davon gelaufen, diesmal um seine Wunden zu lecken; aber er wird zurückkommen. Er wird zurückkommen, weil er nicht anders kann, weil er mich ebenso sehr liebt wie ich ihn. Weißt du, was das heißt. Simon, jemanden so sehr lieben, dass du innerlich krank davon wirst?" fragte sie. "So liebe ich diesen Mann. Und weißt du, was es heißt, jemanden so sehr zu lieben und dennoch dieser Liebe nicht nachgeben zu können, weil die Strafe noch nicht vollzogen ist? Weißt du was es heißt, den Boden zu heiligen, den jemand betritt, und diesen Boden selbst nicht beschreiten zu dürfen? Weißt du das, Simon? Weißt du das?"

Erst nach geraumer Zeit wurde ihm bewusst, dass seine Hände ihre zarte Kehle umklammerten, dass seine rasenden Finger in ihr zartes Fleisch gruben. Er ließ sie los, sie fiel schlaff zu Boden und starrte blicklos zur Decke. Alles, woran er denken konnte, war eine Gummipuppe.

Der Mord

Es gab die *Stong*-Bars. Als er die Fischgasse erreichte, blieb er in der erstbesten hängen und bestellte einen Drink und wies die Kellnerin an, die Flasche stehen zu lassen. So war es auch das letzte Mal gewesen, beinahe. Doch dieses Mal verwandelte sich der Raum nicht in den Tempel Dianas auf Ephesus. Er verwandelte sich in einen langen Flur ohne Türen mit blutroten Wänden. An dessen Ende saß ein weibliches Götzenbild auf einem Thron aus Obsidian. Er ging langsam, ab und zu stolpernd, den Gang entlang. Das Haar des Götzenbilds war lohfarben und bestand aus kleinen metallischen Schlangen. Ihre Augen waren grüngoldene Achate. Ihr schwarzes Kleid war über ihre Knie gezogen, und ihr weißgerändertes Häubchen auf dem Kopf zurückgeschoben. Ihr Kleid war vorne offen, und eine ihrer marmornen Brüste hing heraus. Auf dem Altar vor ihrem Thron war soeben ein Opfer vollzogen worden, und sie war dabei erstarrt, wie sie etwas auf dem Gesicht des Opfers zog. Das Opfer war Christopher Stark, das Etwas ein Auge.

Simon Peters warf die Flasche auf sie und brach bewusstlos zusammen.

Die dunkle Gasse, in der er erwachte, roch nach Faulgas. Seine Brieftasche war weg, ebenso seine Hypnopistole und seine Uhr. Sein Kopf dröhnte. Nach einiger Zeit rappelte er sich hoch und stolperte auf die Straße. Seine Brust rasselte, wenn er atmete, seine Beine hielten ihn kaum aufrecht. Aus irgendeinem Grund war ihm die Hose zu lang, er trat sich ständig in die Stulpen. Eine Ewigkeit verging, bis er endlich die Tore der Stadt verließ, eine weitere, bevor er sein Fahrzeug betrat.

Ohne Verzögerung hob er ab und programmierte den Raumzeit-Nexuskompensator auf sein letztes Ziel. Mit ein bisschen Glück konnte er dem Obstkarren der Zeit doch noch ein Schnippchen schlagen. Mit ein bisschen Glück konnte er sein ganzes Leben ändern, wenn er nur einen einzigen Augenblick änderte. *Sei auf der Hut*, würde er zum jungen Chris Stark zurufen. *Wirf dein Netz in si-*

cheren Gewässern aus! Doch jetzt war er müde. Jetzt wollte er schlafen.

Er zog sich in seine kleine Kabine zurück und fiel auf die Koje. Das Zittern des Schiffs beim Verlassen der transphotischen Geschwindigkeit weckte ihn auf. "Priscilla" murmelte er, und mit geschlossenen Augen suchte er ihren geliebten Körper. Seine Hände fanden bloß verkrumpelte Bettlaken und Leere, und zuletzt kam mit schrecklicher Plötzlichkeit die Erkenntnis durch, dass sie tot und er ihr Mörder war. Seine Qual wurde unerträglich. Er stand auf und durchwühlte seinen Besitz nach irgendeinem Zeichen, irgendeinem Hinweis, dass sie noch lebte, irgendein Überbleibsel von ihr, welches den Schatten ihres Todes in eine finstere Ecke verbannen würde; und zuletzt fand er die Hypnokamera mit dem unentwickelten Film. Aufgeregt wie ein kleines Kind holte er sein Entwicklerset, setzte sich in die Mitte des Raums und begann mit der Arbeit. Das Bild kam perfekt zum Vorschein. Sie war so lieblich, dass er weinen wollte. Er bedeckte das Foto mit Küssen, drehte es um und schrieb ihren Namen und ihre Adresse auf die Rückseite, *Priscilla Petrovna,* schrieb er, *Miltonia, Europa.*

Eine Glocke begann zu klingeln. Er steckte das Foto schnell ein und forschte nach dem Grund des Geräusches. Es war die Boje: Ein Fischschwarm näherte sich dem Katamaran - es war Zeit, sich für den Fang zu kleiden. Nachdem er die Fahrtrichtung umgekehrt und seine Geschwindigkeit unter die durchschnittliche Meteor-Geschwindigkeit gedrosselt hatte, eilte er in den Frachtraum. Er wunderte sich über seine Schwäche. Seine Beine erschienen ihm wie Besenstile, seine Arme wie Strohhalme. Seine Hände waren zu verschrumpelten Klauen vertrocknet. Ein Satzfragment löste sich aus dem Urwald seines schwindenden Gedächtnisses und suchte den Weg durch die düstere Lichtung seines Geistes - *Beschleunigung des Zellzusammenbruchs gegen Ende zu, verbunden mit einer rapiden synaptischen Verschlechterung.* Er schüttelte den Kopf. Die Worte bedeuteten ihm nichts. Er öffnete den Spind und nahm einen seiner Weltraumanzüge heraus und zwängte sich hinein. Er konnte sein

Netz nicht finden. Egal. Er würde seine Arme ausstrecken und die Fische mit bloßen Händen fangen. "Für dich, Priscilla" flüsterte er, "für dich". Er aktivierte die Schleusen und ging durch sie durch - hinein ins leere All.

Fischfangschiffe haben keine äußeren Schleusen. Fischfangschiff-Stiefel haben keine Magnetsohlen. Fischfangschiffe sind keine Katamarane, waren es nie und werden es nie sein.

So begann der freie Fall des Simon Peters alias Christopher Stark, weggerissen vom Gravitationsfeld seines davon sausenden Boots durch sein eigenes Ungestüm, im Alpha Centauri Archipel, wo er in seiner Naivität gedacht hatte, dass er eine einzelne Naht aus dem kosmischen Saum der Zeit herausreißen könnte. Als er fiel, berührte der Tod seine Hand, und er zog seine Hand zurück. "Nein" sagte er, "noch nicht - ich weiß noch nicht, wer ich bin." Zu seinen Füßen lag die rotgoldene Billardkugel von Alpha Centauri. An seinem Ellbogen schwebte ein bleicher Planet. Die Kälte kam und wuchs in ihm, und als sie wuchs, wuchs auch Christopher Stark. Die rotgoldene Sonne wurde kleiner, der bleiche Planet schwand dahin; das Flüstern der Unendlichkeit tönte schwach in seinen Ohren. Er blickte auf die Schöpfung mit den Augen einer Supernova und atmete tief die abgründige Dunkelheit der Nacht ein. Es gab immer noch Zeit für einen Fang.

Die Myriaden Sterne seines makrokosmischen Netzes raschelten, als er es entfaltete, und die sternbesetzten Sehnen seiner gigantischen Arme spannten sich. Zurück, jetzt zurück, neige die Schultern, jetzt drehe dich, ganz langsam, heb den Arm, den Arm aus Sternen, aus Riesen und Zwergen und kleinen Stäubchen, die Mikromenschen "Welten" nennen; heb den Sternenarm und schwing das Sternenetz in großem Bogen; hinaus, hinunter, die Sterne, dachte er, die Sterne, die meine Gene sind, meine Chromosomen, meine Teilchen, meine Kraft, mein Leben, mein Tod und meine Vernichtung, die weißen Sterne und die blauen, die roten, die flammend gelben - ich bin alles, alles ist ich, Christopher Stark, Ungeheuerlichkeiten bin ich, Kugelsternhaufen und kosmische Stürme; Nebel und Plejaden und Inseluniversen; ich bin der Raum und die Sterne, ich bin der Sternenfischer im funkelnden Ruhm seiner Jugend ... und er schwang seinen großen, glitzernden Arm und warf sein Netz aus -

Und fing sich selbst.

Das Ende

Erfüllung

(Redemption)

Erschienen in AMAZING, July
1963

*Er war ein Händler und wollte seine
Ladung gewinnbringend verkaufen.
Sie war eine Heilige und wollte der
Auferstehung ihres Gottes beiwoh-
nen. Dass sie nicht zusammen passten, war beiden sofort klar. Doch
das Schicksal geht manchmal seltsame Wege.*

Sie nannten ihn den "Fliegenden Holländer mit Düsenantrieb", aber
er war weder Holländer noch düsengetrieben. Er war Neo-terranisch.
Gemeinsam mit allen interplanetaren Raumschiffen seiner Tage benutzte sein Schiff den Lamarre-Versetzungsantrieb. Sein Name war
Nathaniel Drake.

Der Legende nach suchte er in jedem Hafen nach einer bestimmten
Frau, in der Hoffnung, Erlösung durch die Liebe zu finden. Doch die
Erfinder von Legenden ziehen Parallelen, wo keine sind. Nathaniel
Drake suchte tatsächlich nach einer bestimmten Frau; doch das Ziel
seiner Suche war sogar noch geisterhafter als er selbst. Und es war
nicht Liebe, durch die er Erlösung suchte, sondern Hass.

Seine Geschichte beginnt in einer Raumregion abseits der Küsten
von Iago Iago, nicht lange, nachdem der "Suez Kanal" ein erstes
"Leck" erkennen ließ. In jenen Tagen hatte die Sirianische Satrapie
den Höhepunkt ihrer industriellen Karriere erreicht. Ihre kugelför-
migen Frachtschiffe durchpflügten geschäftig die interplanetaren

Meere, und ihre Suez-Kanal-Frachter verließen fast täglich die Häfen Richtung Märkte der Erde. Ihre Planeten prosperierten und ihre Untertanen lebten in Frieden und Fülle, und auch ihre Politiker waren keine Kostverächter. Nur eine ihrer zehn Ökosphären kannte nicht die Segnungen der Zivilisation. Diese eine - Iago Iago - ist reserviert für unangepasste Eingeborene in Übereinstimmung mit Sektion 5, Paragraph B-81, des Interstellaren Kodex. Poeten und Plünderer hatten dort gleichermaßen nichts zu suchen.

Nathaniel Drake transportierte eine Ladung Pastellseide von Vergissmeinnicht nach Dior. Vergissmeinnicht und Dior sind, wie jeder Schuljunge weiß, Sirius VIII bzw. Sirius X. Zwischen ihren Umlaufsbahnen liegt Sirius IX, oder Iago Iago. Zur Zeit von Drakes Flug lagen diese drei Planeten in Konjunktion, und um dem Schwerkrafteinfluss von Iago Iago zu entgehen, hatte Drake seinen Autopiloten auf einen weiten Umweg programmiert. Obwohl er es zu dieser Zeit nicht wusste, war Drake in eine Weltraumregion abgedriftet, die "selten eines Menschen Fuß betreten".

Als sich der "Suezkanalverwerfungsprozess" als unpraktisch für interplanetare Fahrten erwies, akzeptierten Raumfahrer ihr Los und dachten sich drei Standardmethoden zur Bekämpfung der Einsamkeit aus. In der Reihenfolge ihrer Bedeutung waren dies: (1) Mädchen-Realibänder, (2) Mädchen-Stereocomics, und (3) katerloser Gin. Nathaniel Drake hatte nichts gegen verwässerten Voyörismus, doch glaubte er an die Löschung des Durstes, nicht an dessen Entfachung. So konzentrierte er sich die meiste Zeit auf Maßnahme Nr. 3, also auf katerlosen Gin. Der jetzige Flug bildete keine Ausnahme, und er war gerade in der Mitte des fünften Fünften, als es an seine Kabinentür klopfte.

Er war kein Mann, der schnell in Panik geriet. So leerte er das Glas und setzte die Flasche auf dem Kartentisch ab. Er konnte das leise Knirschen der Wandverstärkerstrahlen hören und das unterdrückte Murmeln der Schwerkraftgeneratoren im Energieraum unter ihm.

Für eine Weile gab es keine anderen Geräusche. Dann klopfte es ein zweites Mal.

Langsam erhob sich Drake, holte sich den Ionenstrahler vom Regal über seiner Schlafkoje, und legte ihn auf den Tisch. Dann setzte er sich wieder. "Herein" sagte er.

Die Tür öffnete sich, und ein Mädchen trat herein.

Sie war ziemlich groß. Ihr Haar war hellbraun, ihre braunen Augen saßen weit auseinander im schmalen Gesicht mit den hohen Backenknochen. Es waren seltsame Augen. Sie schienen gleichzeitig nach außen und nach innen zu blicken. Auf ihrem Kopf saß ein Käppi, farblich fein abgestimmt mit ihrer blaugrauen Jacke und ihrem Rock. Die Uniformen der Armee der Kirche der Emanzipation waren berühmt für ihre Strenge, und die ihre bildete keine Ausnahme. In ihrem Fall indes schien die Strenge durch ihren schleppenden Gang aufgelöst zu sein. Als Drake den Schwung ihrer Hüften beobachtete, während sie den Raum betrat, erriet er, warum. Sie war voll - aber nicht mit Gin, wie er - und das hatte man auch dann sehen können, wenn sie von einer Decke umhüllt gewesen wäre.

Die Gründlichkeit seiner Untersuchung entging ihr weder noch störte es sie. Allerdings war sie offenbar von seinem Äußeren leicht abgestoßen. Kein Wunder: Er benötigte dringend einen Haarschnitt, und Backen- und Kinnbart, beides Symbole seines Kapitänrangs, hatten sich zu einem ungekämmten Haargeflecht ausgebreitet, was seinem Aussehen ein Alter von fünfzig Jahren verlieh, obwohl er in Wirklichkeit erst zweiunddreißig war. "Ich - ich kann mir vorstellen, dass Sie erstaunt sind, mich zu sehen", sagte sie.

Ihre Stimme klang kehlig, aber reich und voll; sie verlieh ihren Worten eine Resonanz, die Worte selten besitzen. Drake holte ein zweites Glas, goss es halb voll mit Gin, und bot es ihr an. Sie lehnte ab, was er erwartet hatte. "Nein danke", sagte sie.

Er trank den Gin selber, setzte sich dann in seinen Sessel und wartete. Während des Wartens überdachte er das Warum und Wie ihrer Gegenwart. Das Wie bereitete ihm keine Schwierigkeiten: Der Steuerbord-Lagerraum bot genügend Platz für einen genügsamen blinden Passagier, und Bestechlichkeit gehörte sicherlich zu den am weitesten verbreiteten Untugenden des Bodenpersonals. Die Frage nach dem Warum indes gehörte einer anderen Größenklasse an.

Sie schnitt die Frage selber an. "Ich möchte, dass Sie mich auf Iago Iago absetzen", sagte sie. "Ich bezahle Sie auch - ich zahle gut. Es wäre für mich unpraktisch gewesen, ein normales Passagierschiff zu nehmen - mit so vielen Zeugen hätte der Pilot nicht gewagt, mich zu landen. Ich - ich dachte, ein Einzelgänger wie Sie würde das eher tun. Iago Iago ist jetzt in Konjunktion, und Sie würden nur ein paar Stunden verlieren, und niemand würde davon erfahren."

Er starrte sie an. "Iago Iago! Warum in aller Welt wollen Sie, dass ich Sie dort absetze?"

"Die Polysirianer erwarten die Auferstehung ihres höchsten Heiligen. Ich - ich möchte als Augenzeugin dabei sein."

"Unsinn!" sagte Drake. "Wenn du tot bist, bist du tot, das gilt für Heilige ebenso wie für Sünder."

Goldene Punkte tanzten in ihren braunen Augen. "Tatsächlich, Mr. Drake? Wie erklären Sie sich dann die vandalische Wanderschaft?"

"Die brauche ich nicht erklären, denn ich glaube nicht an sie. Aber um wieder konkret zu werden: Angenommen, es *gibt* eine Auferstehung auf Iago Iago, wie haben Sie dann davon erfahren?"

"Wir haben unsere Kanäle. Nennen Sie es eine interplanetare Gerücheküche, wenn Sie wollen ... Der höchste Heilige prophezeite, dass er von den Toten auferstehen würde, bevor ein ganzes Jahr dahin gegangen wäre, und dass er in den Himmeln erscheinen würde für alle, damit sie ihn sehen, um dann zu den Menschen herabzusteigen."

Um Zeit zum Nachdenken zu gewinnen, ließ Drake das Thema fallen und fragte sie nach ihrem Namen. "Annabelle" sagte sie. "Die heilige Annabelle Leigh."

"Und wie alt sind Sie?"

"Dreiundzwanzig. Bitte setzen Sie mich auf Iago Iago ab, Mr. Drake."

"Sie sagen, Sie könnten mich bezahlen. Wieviel?"

Sie drehte sich um, machte etwas an ihrer Bluse, und schwang dann herum, mit einem Geldbeutel in ihren Händen. Sie hielt ihn ihm entgegen. "Er enthält zweitausend Credit. Zählen Sie nach, wenn Sie wollen."

Er schüttelte den Kopf. "Nehmen Sie das Geld zurück. Ich würde auch für den zehnfachen Betrag meinen Pilotenschein nicht aufs Spiel setzen."

"Aber da *gibt es* keine Risiken. Ich werde bestimmt niemandem erzählen, dass Sie die Bestimmungen verletzt haben."

Er sah sie nachdenklich an. "Geld ist nicht die einzige Form verhandelbarer Bezahlung" sagte er.

Sie errötete nicht einmal. "Ich bin darauf vorbereitet, auch in dieser Währung zu bezahlen."

Er war sprachlos. Sex war den Mädchen der Emanzipationskirche nicht verboten, aber üblicherweise rannten sie bei der leisesten Erwähnung dieser Angelegenheit davon und versteckten sich irgendwo. Er erinnerte sich an den Schwung ihrer Hüften, als sie den Raum betreten hatte, und für einen Augenblick geriet er in Versuchung; aber nur für einen Augenblick. Er riss sich zusammen und sagte: "Ich fürchte, diese Art der Bezahlung würde auch nicht genügen. Mein Pilotenschein ist meine Lebensgrundlage, mehr habe ich nicht." Er stand auf. "In meiner Eigenschaft als Kapitän dieses Schiffs stelle ich Sie hiermit unter Arrest und befehle Ihnen, Ihr selbst gewähltes Quartier unverzüglich aufzusuchen und dort für die Dauer der Reise zu bleiben."

Unglaube verdunkelte ihre braunen Augen. Dann kamen goldene Stäubchen des Ärgers und vertrieben die Dunkelheit. Sie langte nach dem Ionenstrahler auf dem Tisch. Er bremste sie problemlos aus, ergriff ihren Arm, und führte sie aus der Kabine den Gang entlang zum Steuerbord-Lagerraum. Der grenzte an die Außenhülle des Raumschiffs und besaß deswegen eine Schleuse anstelle einer Tür. Nachdem er die heilige Annabelle Leigh hineingestoßen hatte, verriegelte er den Zugang, sodass er nur von außen geöffnet werden konnte, und drehte sich um.

Sie rannte zu ihm und ergriff seinen Arm. In ihren braunen Augen lag Verzweiflung. "*Bitte* setzen Sie mich auf Iago Iago ab."

Er befreite seinen Arm, betrat den Gang und schloss die Schleusentür hinter sich.

Eine Stunde später flog sein Schiff durch ein Lambda-Xi-Feld.

Zumindest dachte Drake, dass es ein Lambda-Xi-Feld war. Ganz gewiss entsprach die Wirkung auf ihn und die *Flieg bei Nacht* der hypothetischen Beschreibung, wie sie im *Pilotenhandbuch*, Abschnitt 3, Kapitel 9 beschrieben wird - einem Prosawerk, das alle Raumfahrer auswendig kennen sollten. Das Bugschott "schimmerte"; die künstliche Atmosfäre erlangte ein "dunstartiges Aussehen"; das Deck "entmaterialisierte". Drake selbst erfuhr ein "schmerzhaftes Prickeln der Nervenenden und ein leichtes Schwindelgefühl". Danach: Durchsichtigkeit, die "Vorstufe zur vollständigen Auflösung", die Schiff und Herrn gleichermaßen ereilte.

Das Handbuch fuhr fort festzustellen, dass in Anbetracht der Tatsache, dass noch niemand ein Lambda-Xi-Feld passiert und überlebt hätte, jedwedes Wissen bezüglich der vorläufigen Effekte einer solchen Passage extrapoliert werden müsste. Es fügte dann beruhigend hinzu, dass, da solche Felder extrem selten aufträten, die von ihnen ausgehende Gefahr vernachlässigbar wäre. Das Handbuch sagte indes nichts über die Schrift an der Wand. Doch die gab es. Während er in seinem Schiff stand, sah er jenseits der durchscheinenden Kabinendecke und Raumschiffhülle die Sterne und das eine Wort:

TOD

Doch der Tod kam nicht, ebensowenig wie die totale Auflösung - wenn es zwischen den beiden einen Unterschied gibt. Die *Flieg bei Nacht* blieb durchscheinend, ebenso wie Nathaniel Drake.

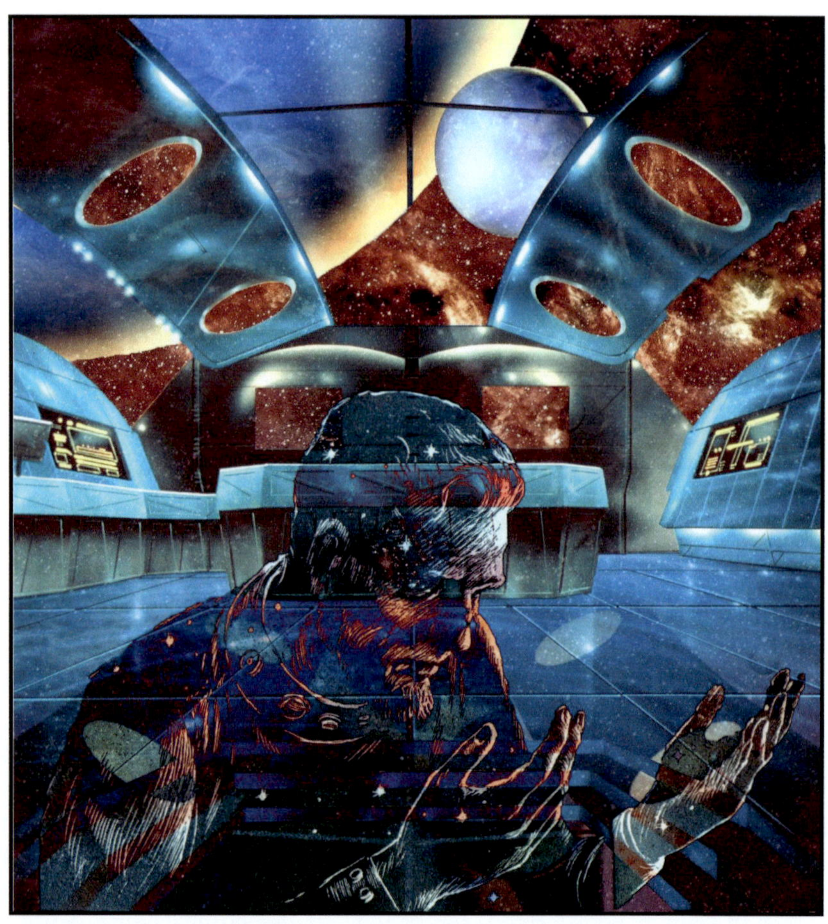

Der Fliegende Holländer des Weltalls

Er wagte einen vorsichtigen Schritt, dann einen zweiten. Das Deck hielt ihn, obgleich er durch den Boden blicken konnte, und durch den Boden darunter, und durch die Raumschiffhülle bis zu den Sternen - ja, und in der Nähe sah er den grünen Globus von Iago Iago. Er hob seine Hand und fand heraus, dass er auch durch sie blicken konnte. Er holte einen Spiegel und hing ihn an die Wand und starrte in sein durchsichtiges Gesicht. Er konnte durch seine Spiegelaugen die Spiegelwand dahinter sehen. Auch seine Spiegelwangen und sein Spiegelkinn bildeten kein Hindernis. Beim Hinunterblicken sah er durch seinen Körper. Durch seine Kleider. Die Durchsichtigkeit war von einer Art, dass die Kombination von Fleisch und Kleidung Nacktheit verhinderte. Nichtsdestotrotz waren seine Raumschuhe, seine Raumhosen und sein hüftlanger Raummantel genauso geisterhaft wie er selbst.

Und dennoch fühlte er sich als Ganzes. Sein Körper war solide. Er lebte und atmete. Sein geisterhaftes Schiff war weiterhin auf dem Weg zu den fernen Küsten Diors. Möglicherweise war er tot, aber so fühlte er sich nicht. Ich denke, also bin ich ...

Er nahm sein Logbuch und trug die Feld-Koordinaten ein. Plötzlich erinnerte er sich an seinen Passagier, und so rannte er den Gang hinab zum Steuerbord-Lagerraum. Doch die Schleuse öffnete er nicht, sonst wäre er sicher tot gewesen. Denn jenseits des durchscheinenden Bugschotts lag die endlose Luftleere des Weltraums. Der Lagerraum war verschwunden, und mit ihm alle Nachbarräume. Desgleichen die Außenhülle.

Und die heilige Annabelle Leigh.

Nathaniel Drake suchte Zuflucht bei Madame Gin, nur um heraus zu finden, dass auch sie nur noch der Geist ihres früheren Selbst war. Wenigstens hatte sie ihre sechzigprozentige Persönlichkeit nicht verloren. So nahm er ihren Trost für längere Zeit in Anspruch - genauer gesagt, für den Rest seiner Reise - sie anflehend, sie möge die blutige Wunde an der Seite seines bisher unangreifbaren Gewissens heilen. Dies jedoch verweigerte Madame Gin mit obstinater Obstruktion.

Zwischen solcherlei Konsultationen setzte er seinen Verstand ein, um sich mit zwei drängenden Problemen zu beschäftigen. Das erste hatte mit seiner Ladung zu tun. Sie war durchgekommen, jeder Meter davon, aber sie war durchgekommen wie das Schiff selbst - außer natürlich der Backbordseite, die offensichtlich das Feldzentrum passiert und sich völlig aufgelöst hatte. Es war ja wirklich eine Ironie des Schicksals, dass ein Raumschiff, welches thermonukleare Vorrichtungen problemlos neutralisieren konnte, gegen ein Lambda-Xi-Bombardement völlig hilflos blieb. Ursprünglich durchscheinend war die Pastellseide nun völlig durchsichtig und würde zweifellos von der *Dernier-Cri*-Bekleidungskette aus Neuparis (welche die Seide bestellt hatte) abgelehnt werden. Schlimmer noch: Er hatte die Seide versichert, und wenn die Versicherungsgesellschaft den ganzen Verlust zahlen müsste, dann wäre sein Schiff verloren und seine Karriere als unabhängiger Kaufmann am Ende.

Das zweite Problem hatte mit seiner geisterhaften Erscheinung zu tun. Er brauchte sich nicht zu fragen, wie die Leute auf ihn reagieren würden. Er kannte seine eigenen Reaktionen, jedes Mal, wenn er in den Spiegel blickte. Auch brachte es nichts festzustellen, dass auch der Spiegel eine eher geisterhafte Substanz angenommen hatte. Er brauchte nur seine Hände zu betrachten und wusste, der Spiegel lieferte trotz allem ein korrektes Bild.

Immer wieder kehrten seine Gedanken zu der Wunde in seinem Gewissen zurück, woraufhin er Madame Gin auf dem Kartentisch Gesellschaft zu leisten pflegte. Natürlich hatte er hundert Argumente zu seinen Gunsten. Schließlich hatte er die heilige Annabelle Leigh nicht gebeten, sich im Lagerraum zu verstecken, oder? Er konnte nicht erwarten, dass sein Schiff in ein Lambda-Xi-Feld geraten würde, oder? Er konnte nicht vorausahnen, dass die Backbordseite zum Untergang verurteilt war, oder? Doch obwohl jede Frage mit einem donnernden "nein" beantwortet werden konnte, erfasste ihn unerbittlich die kalte, grausame Wahrheit: Hätte er dem Wunsch der heiligen

Annabelle Leigh entsprochen und sie auf Iago Iago abgesetzt, wäre sie noch am Leben. Durch seine Ablehnung ihrer Bitte und sein Einsperren ihrer Person im Lagerraum hatte er dem Schicksal sehr großzügig nachgeholfen.

"Ich wasche meine Hände in Unschuld" sagte er zu Madame Gin. "An ihrem Tod trifft mich genauso wenig Schuld wie Pilatus am Tode Christi des Ersten."

Madame Gin schwieg.

"Ich kann nichts dafür, dass sie eine Heilige war" sagte er. "Das macht die Sache noch schlimmer - dass sie eine Heilige war."

Madame Gin sagte nichts.

"Wäre sie keine Heilige gewesen, die Sache wäre halb so schlimm." fuhr Drake fort. "Wäre sie eine Hausiererin oder Pennerin gewesen, würde mich das Ganze überhaupt nicht berühren. Aber wieso soll ich mich aufregen, nur weil sie eine Heilige war? Das ist verrückt. Zur Hölle, sie war nicht einmal eine gute Heilige. Gute Heilige rennen nicht herum und schlagen solche Geschäfte vor, egal warum. Die heilige Annabelle Leigh ist gar nicht so nobel wie du vielleicht denkst."

"War nicht" sagte Madame Gin.

"Also gut, ich hab sie getötet. Ich geb's sogar zu. Ich will ja nur sagen, es macht mir die Sache noch schwerer, weil sie eine Heilige war."

"Mörder" sagte Madame Gin.

Nathaniel Drake ergriff ihren Hals, woraufhin sie sich in eine leere Flasche verwandelte. Er zerbrach die Flasch an der Tischkante, und geisterhafte Bruchstücke flogen in alle Richtungen. "Ich bin kein Mörder" schrie er, "bin ich nicht, bin ich nicht, bin ich nicht."

Der erste, der einen Blick auf den "Fliegenden Holländer mit Düsenantrieb" warf, war der Pilot der Abfallbeseitigungsanlage von Neuparis. Er sah erst das Geisterschiff und später erst seinen geisterhaften Insassen, was wenig bedeutet, da die gleiche unscharfe Terminologie auch den Ursprung der zweiten Legende markiert. Er warf nur einen langen Blick darauf, dann entsorgte er seine Ladung mitten im Orbit und suchte eiligst den Hafen auf. Das Wort verbreitete sich schnell, und als sich Nathaniel Drake fünfzehn Minuten später niederließ, waren die Straßen und Dächer von Neuparis mit übersättigten Neugierigen überfüllt, welche hoffnungsfroh darauf warteten, begruselt zu werden. Sie wurden nicht enttäuscht.

Es ist nicht schwer, Menschen ohne Kastanien im Ofen zu erschrecken. Wohl aber bereitet es Schwierigkeiten, Menschen Angst einzujagen, die schon alles gesehen zu haben glauben. Die *Flieg bei Nacht* hatte gerade ihre Landeposition mit Hilfe der Anti-Schwerkraft-Generatoren erreicht, da kurvte ein Wagen herbei und hielt vor dem Hafenbecken. Aus dem Auto stürzte Thaddeus P. Terringer, Präsident der *Dernier Cri* Bekleidungsfirma, sowie der Bürgermeister von Neuparis, der seine Finger auch irgendwo drin hatte, aber wo genau, das wusste noch nicht einmal die Finanzpolizei. Nathaniel Drake ließ seine Besucher nicht warten, legte seinen Antischwerkraftgürtel ab, öffnete die Bauchluke und schwebte zu seinen Besuchern hinab. Er hatte sich zwei Wochen lang nicht rasiert, sein ungekämmtes Haar hing über die Stirn, und er war durchsichtig wie Transparentfolie. Sie schnappten nach Luft.

Die Luke, fast zwei Meter über der Landebahn, verlieh ihm eine gewisse Bedeutung und damit auch ein gewisses Selbstvertrauen. "Die erste Willkommensgesellschaft in meinem Leben" sagte er. "Wo ist der rote Teppich?"

Thaddeus P. Terringer fand als erster der drei seine Stimme wieder. Er war ein großer, kräftiger Mann, bekleidet (wie auch seine Begleiter) mit der neuesten Männermode der *Dernier Cri* Bekleidungsfirma: rosaroter Zylinder, grüner maßgeschneiderter Anzug aus handgezwirbeltem *Flipp*flaum, sowie hochhackige Plastigatorschuhe. "Drake" sagte er, "Sie sind betrunken."

"Bin ich nicht, ich hab mich aufgelöst."

Terringer wich einen Schritt zurück. Dorrel Numan und der Bürgermeister machten es ihm nach. "Sie sind durch ein Lambda-Xi-Feld geflogen!" rief Numan aus.

"So ungefähr."

"Unsinn" sagte Terringer. "Niemand kann ein derartiges Bombardement überleben."

"Sie nennen das Leben?" fragte Drake.

"Die Fracht" seufzte der Bürgermeister. "Was ist mit der Fracht?"

Drake beantwortet seine Frage. "Mit ein bisschen Glück könnte man sie als Einmachpapier für unsichtbares Brot verwenden. Ziehen Sie Ihre Gürtel an, schweben Sie hoch und schauen Sie selbst."

Zu diesem Zeitpunkt war der Hafenmeister eingetroffen. "Ich möchte, dass niemand das Schiff betritt, bevor ich die Strahlung überprüft habe" sagte er. "In der Zwischenzeit nehmen Sie die Kiste hoch, Drake, und parken Ihr Schiff in der Zweihuntermeterzone. Ich weiß nicht, was ihm zugestoßen ist, und ich weiß nicht, was Ihnen zugestoßen ist, aber ich gehe kein Risiko ein."

"Bringen Sie einen Ballen mit" sagte Terringer. "Wir werden uns wohl kaum anstecken, wenn wir ihn von ferne betrachten."

Drake nickte, richtete seinen Gürtel und schwebte nach oben durch die Bugluke. Er stellte die Antischwerkrafthebe auf 200 Meter, holte sich einen Ballen Pastellseide und driftete wieder nach unten. Dort entrollte er den Ballen ein wenig und hielt ihn hoch, sodass Terringer, Numan und der Bürgermeister (die sich alle in sichere Entfernung zurückgezogen hatten) einen guten Blick darauf werfen konnten. Die Seide war durchscheinend wie Nebel. Ihre kaum vorhandene Sichtbarkeit verdankte sie der exquisiten Bläue, welche die Würmer von Vergissmeinnicht ihr verliehen hatten. Terringer stöhnte, desgleichen Numan, desgleichen der Bürgermeister. "Und das sieht alles so aus?" fragte Terringer.

Drake nickte. "Jeder Zentimeter."

"Nehmen Sie's zurück nach Vergissmeinnicht." sagte Terringer.

Drake starrte ihn an. "Wieso? Die können es auch nicht reparieren."

"Natürlich nicht. Aber vielleicht können sie ihre Würmer dazu anhalten, das Ganze zu recyclen, oder in irgendeiner anderen Weise zu retten. In der Zwischenzeit müssen wir wohl eine andere Ladung bestellen." Er betrachtete Drake hinterhältig. "Hoffen Sie darauf, dass Ihre Fracht gerettet werden kann. Wenn nicht, wird Ihre Versicherung zahlen müssen, und Sie wissen, was das heißt." Er blickte nach oben, wo die verunstaltete und geisterhafte *Flieg bei Nacht* wie ein schiefer Ballon in der Luft hing. "Allerdings, wie ein Schiff in diesem Zustand versteigert werden kann, liegt jenseits meines Vorstellungsvermögens."

Er drehte sich um und fuhr zusammen mit Numan und dem Bürgermeister davon. Drake fühlte sich plötzlich verzweifelt nüchtern. "Bevor Sie mein Schiff auf Strahlung überprüfen, machen Sie das mit mir" sagte er dem Hafenmeister. "Ich geh in die Stadt und besorg mir einen vollen."

Der Hafenmeister grinste mitfühlend. "Wird gemacht, Mr. Drake. Ich lass den Arzt auch an Sie ran."

Er hielt sein Wort, und Drake verließ den Hafen. Er ging zum Hafenarzt, der ihn vollständig untersuchte und schließlich ein wenig ehrfürchtig bemerkte, er könne nichts finden. Nachher stattete Drake der Hafenwechselbank einen Besuch ab, wechselte seine durchscheinenden Scheine gegen etwas weniger geisterhafte Banknoten, und hob seine Ersparnisse ab - etwa fünfhundert Rockefellers. Doch kaum hatte er seine Schritte außerhalb des Hafens gelenkt, begann seine Malaise. Die Leute sahen ihn an und rannten davon, oder, noch schlimmer, starrten ihn an und folgten ihm auf Schritt und Tritt. Der erste schleimige Schlupfwinkel, den er betrat, leerte sich beinahe in dem Moment, als er seinen Fuß über die Türschwelle setzte. Im nächsten Schuppen verweigerte ihm der Kellner den Dienst. Er sagte Hallo zu einem hübschen Mädchen, das die Straße entlang ging, und sie fiel vor ihm in Ohnmacht. In der Zwischenzeit hatte er sich Haare und Bart schneiden lassen, in einem automatischen Frisörsalon, die es zu Dutzenden hier gab, doch anscheinend hatte keines dieser Zugeständnisse an Anstand und Sitte das gewünschte Ergebnis erbracht. Verzweifelt suchte er schließlich einen bekannten Physiker von Neuparis auf. Der Physiker führte eine lange Testreihe an ihm durch, sah ihn dann lange an und fragte: "Waren Ihre Vorfahren zufällig Holländer?"

"Nein" sagte Drake und ging.

Er kaufte zehn Flaschen Gin und kehrte zu seinem Schiff zurück. Es war wieder geladen und mit Proviant versehen worden, aber natürlich hatte es niemand repariert. Er zeigte der Stadt eine lange Nase, als er davon brauste. Bald war er jenseits des Kanalgürtels und frei zwischen den Sternen.

Vergissmeinnicht

Zu Nathaniel Drakes Zeiten waren die Würmer von Vergissmeinnicht zahllos wie - wie eben Würmer. Über ganz Seidenstadt konnte man das traurige Geraschel ihrer kleinen Körper hören, wenn sie ihre farbenfrohen Kokons spannen, in den langen, niedrigen Verschlägen, welche die fürsorglichen guten Menschen von Pastellseide GmbH ihnen bereitet hatten. Bei Dämmerung verlor sich das Rascheln, und beim schüchternen Schein des ersten Sterns wogte es wieder empor, bis die Nacht aus einem einzigen großen Flüstern der arbeitsamen Würmer zu bestehen schien - rosa Würmer, grüne Würmer, blaue Würmer, gelbe Würmer. Sie spannen eine Seide, die es noch nie zuvor gegeben hatte und auch nie wieder geben wird, denn die Würmer von Vergissmeinnicht sind jetzt tot.

Errichtet ein weiteres Denkmal dem Fortschritt der Menschheit. Stellt es neben die Statue des Büffels. Sie wissen, wo die steht. Sie steht neben der für den Blauwal.

Nathaniel Drake war das Flüstern gewohnt. Auf Vergissmeinnicht war er geboren worden, und sein Vater hatte ihn zur berühmten Stadtfarm gebracht, als Drake noch ein kleiner Junge war. In seiner Eigenschaft als kaufmännischer Raumfahrer war Drake seitdem unzählige Male hier gewesen, aber an das erste Mal erinnerte er sich besonders deutlich. Sein Vater hatte Multipastels angebaut, eine Vergissmeinnicht-Pflanzenart, deren Maulbeerbaum ähnliche Blätter die Nahrungsgrundlage der Würmer bildete, und er war gelegentlich geschäftlich nach Seidenstadt gekommen. Bei einer dieser Gelegenheiten hatte er Nathaniel mitgenommen und ihn durch einige der langen Verschläge geführt, in der Hoffnung, der Junge würde dabei seine Mutter vergessen, die im vorigen Frühjahr gestorben war, über deren Tod er seitdem grübelte. Damals hörte er das traurige Rascheln der arbeitenden Würmer, er sah das Glühen der farbeprächtigen Kokone, und in den Verarbeitungsräumen drehten sich die Räder unermüdlich und automatisch, und die kleinen Leichen fielen zu Boden, eine nach der anderen, und der Junge Nathaniel, besessen von Todesgedanken, fragte sich, warum man den Larven die Schmach des Hitzetods nicht ersparte, warum man ihnen nicht die Apotheose erlaubte, die zu ihren Geburtsrechten zählte, wobei er damals die sinnlose Selbstbezogenheit der Menschheit noch nicht kannte.

Der Mann Nathaniel fragte sich nicht mehr. Der Mann Nathaniel kümmerte sich nicht. Der Geist des Manns Nathaniel noch viel weniger.

"Hallo" sagte der Geist zu einem hübschen Mädchen, das in der Straße an ihm vorbei ging.

Das Mädchen schrie und rannte davon.

Eine alte Frau betrachtete ihn mit Grauen in ihren Augen, und sah dann in die andere Richtung. Ein Finanzpolizist blieb stehen und starrte ihn an.

Nathaniel Drake ging weiter.

Hinter ihm, im Hafen von Seidenstadt, führte ein Trio widerwilliger Techniker von Pastellseide-Gmbh diverse Tests mit seiner Ladung durch, um herauszufinden, ob sie noch gerettet werden könnte. Da ihre Untersuchungsergebnisse erst einmal von Mitgliedern höherer Befehlsebenen verarbeitet werden mussten und deren Entschlüsse sicher erst am Nachmittag verkündet werden würden, hatte er ein paar Stunden, die Zeit totzuschlagen.

Das aber wollte er nicht in irgendwelchen Säuferbuden machen. Er musste sich um eine Wunde kümmern.

Es war die Wunde in der Flanke seines Gewissens. Sie eiterte seit dem Ausflug nach Dior, und jetzt schmerzte sie so sehr, dass er sie kaum ertragen konnte. Madame Gin machte die Sache nur schlimmer.

Gewissenswunden unterscheiden sich von körperlichen Wunden. Bei körperlichen Wunden behandelt man die Auswirkungen. Bei Gewissenswunden behandelt man die Ursachen. Ist erst die Ursache beseitigt, schließt sich die Wunde automatisch. Das kommt selten vor, doch oft kann die Ursache abgeschwächt werden, in welchem Fall die Wunde weniger schmerzt, auch wenn sie sich nie ganz schließen wird. In Nathaniel Drakes Fall war die Ursache die heilige Annabelle Leigh. Könnte er sich selbst beweisen, dass seine Verdachtsmomente zutrafen, dass sie also etwas weniger war als sie ihre Heiligkeit erscheinen ließ, könnte ein Teil des Schmerzes verschwinden, und wenn er ihre Heiligkeit völlig in Misskredit bringen sollte, könnte sich seine Wunde vollständig schließen.

Er begab sich unverzüglich zum örtlichen Hauptquartier der Armee der Emanzipationskirche. Hier erkundigte er sich, ob die heilige Annabelle Leigh einer der örtlichen Kirchen zugeordnet war. Ein bleichgesichtiger Buchhalter bestätigte dies und verwies ihn an die Kapelle der heiligen Julia Ward Howe in der Straße zur Erfüllung.

Gemeinsam mit allen Kapellen der Emanzipationskirche war auch die Kapelle der heiligen Julia Ward Howe ein bescheidenes Holzhaus, lang und eng, mit gekreuzten Flaggen der Nord- und Südstaaten über dem Eingang. Drake trat ein und schritt einen engen Korridor zwischen zwei Bankreihen (ohne Rückenlehnen) entlang. Vor einer kleinen Kanzel mit einem rohen Pult blieb er stehen. Hinter der Kanzel befand sich eine mit einem Vorhang bedeckte Öffnung, über der zwei weitere Kreuzflaggen hingen. Der Vorhang teilte sich, und ein großer bleicher Mann mit gefalztem, schmalen Gesicht und grauen, ruhigen Augen schritt zum Pult. "Ich bin der heilige Andreas" sagte er, dann hielt er konsterniert inne.

"Ich bin Nathaniel Drake, der Kapitän der *Flieg bei Nacht*" sagte Drake. "Ich bin wegen der heiligen Annabelle Leigh gekommen."

Verständnis ersetzte das Erstaunen auf dem faltenreichen Gesicht des heiligen Andreas - Verständnis und Erleichterung. "Ich bin so froh, dass Sie gekommen sind, Mr. Drake. Ich wurde soeben vom Hafen informiert, dass Sie selbigen gerade verlassen haben. Ich - ich habe es nicht gewagt, mich nach der heiligen Annabelle Leigh zu erkundigen. Sagen Sie, geht es ihr gut? Haben Sie sie auf Iago Iago abgesetzt? Ich war die ganze Zeit außer mir, seit ich erfuhr, was Ihnen und Ihrem Schiff widerfahren ist."

"Ich habe schlechte Neuigkeiten für Sie" sagte Drake. "Die heilige Annabelle Leigh ist tot."

Das Flüstern der Würmer kroch in den Raum. Die makellose blaugraue Uniform des heiligen Andreas schien ihm plötzlich einige Nummern zu groß zu sein. "Tot? Bitte sagen Sie, dass das nicht wahr ist, Mr. Drake."

"Ich kann nicht" sagte Drake. "Aber ich kann Ihnen erzählen, wie es dazu gekommen ist." Er tat dies in aller Kürze. "Sie sehen, es war nicht meine Schuld" endete er. "Ich *konnte sie nicht* auf Iago Iago absetzen. Das hätte meinen Pilotenschein in Gefahr gebracht, und ich kann nur Schiffe führen, sonst nichts. Es ist nicht fair, einen Mann zu bitten, seinen Lebensunterhalt aufs Spiel zu setzen - überhaupt nicht fair. Sie hätte mich vor ihrem Versteckspiel kontaktieren sollen. Sie *können* mich nicht verantwortlich machen für das, was geschah."

"Was ich in keiner Weise tue." Der heilige Andreas wischte eine Träne fort, die ihm halb über die Wange gelaufen war. "Sie tat, was sie tat, gegen meinen Rat" fuhr er fort. "Die Information bezüglich einer Auferstehung auf Iago Iago stammte aus zweifelhaften Quellen, um es milde auszudrücken, und ich war ganz und gar dagegen, dass sie sich im Lagerraum Ihres Schiffs versteckt, aber sie war sehr entschlossen. Nichts davon erleichtert im mindesten die grausame Tatsache ihres Todes."

"Ihr Leben war also dem einer Heiligen nicht vollständig angepasst?" fragte Drake.

"Ganz im Gegenteil, sie war eine der wunderbarsten Personen, die ich je unterrichtete. Eine der freundlichsten und sanftmütigsten. Und in all den Jahren meines Dienstens bei der Armee der Emanzipationskirche habe ich niemals einen entschlosseneren und selbstloseren Soldaten gesehen. Ihr - ihr Dahinscheiden bekümmert mich unermesslich, Mr. Drake."

Drake sah zu Boden. Plötzlich fühlte er sich müde. "Darf ich mich setzen, Heiliger Andreas?" sagte er.

"Bitte sehr."

Er sank auf der nächsten Bank nieder. "War sie eine Einheimische auf Vergissmeinnicht?"

"Nein. Sie kam aus den Weingärten von Azure - aus einer kleinen Provinz namens *Campagne Piasible*." Der heilige Andreas seufzte.

"Ich erinnere mich ganz deutlich an unsere erste Begegnung. Sie war so bleich und dünn. Und ihre Augen - ich habe niemals soviel Schmerz gesehen wie in ihren Augen. Sie kam eines Morgens hierher, sie kniete nieder vor der Kanzel, und als ich erschien, sagte sie, 'Ich möchte sterben'. Ich stieg von der Kanzel herab und hob sie hoch. 'Nein, mein Kind" sagte ich, 'du möchtest nicht sterben, du möchtest dienen - sonst wärest du nicht hierher gekommen.' Da hob sie ihre Augen, und ich sah den Schmerz in ihnen. In den folgenden zwei Jahren verschwand viel davon, aber irgendwie wusste ich, ein Rest würde immer bleiben." Der heilige Andres machte eine Pause. Dann: "Sie hatte eine Eigenschaft, die ich schwer beschreiben kann, Mr. Drake. Es war die Art, wie sie ging. Wie sie sprach. Doch am stärksten kam diese Eigenschaft zum Vorschein, wenn sie hinter der Kanzel stand und das Wort verbreitete. Möchten Sie eine ihrer Predigten hören? Ich habe sie aufgenommen - jede einzelne."

"Was - ja, natürlich" sagte Drake.

Der heilige Andreas drehte sich um, trennte die Vorhänge hinter der Kanzel und verschwand in dem dahinter liegenden Raum. Er kam kurz darauf mit einem archaischen Kassettenspieler zurück, den er auf die Kanzel stellte. "Ich habe ein Band ganz zufällig ausgewählt" sagte er, während er einen Schalter umlegte. "Hören Sie."

Eine Zeitlang hörte man nur das Flüstern der Würmer, dann legte sich ihre reiche volle Stimme darüber. Drake, in einer düsteren kleinen Kapelle sitzend, stellte sich vor, wie sie da stand, aufrecht und groß hinter der Kanzel, während ihre strenge blaugraue Uniform vergeblich versuchte, ihre schwellenden Brüste und den aufregenden Schwung ihrer Hüften und Beine zu verbergen oder zumindest abzumildern. Ihre Stimme hob sich nun in reicher und bewegender Resonanz, sie füllte den Raum mit ungeplanter Schönheit ... "Ich erwählte diesen Tag, um zu euch über die vandalische Wanderschaft zu sprechen, wie Sein Geist über das Land wandelte; wie Sein steinernes Denkmal sich aus den Tempelruinen erhob, wo es in schweigender Meditation siebenundachtzig Jahre lang gesessen hatte, und wie es zum Leben erwachte, um zum blutroten Meer zu wandeln, um an der Küste zu zerfallen. Sie werden euch sagen, nein, das ist nicht geschehen, das zerbrochene Denkmal wurde von Männern dorthin gebracht, die ihn unsterblich machen wollten, und sie werden euch pseudowissenschaftliche Fakten liefern, die zu beweisen scheinen, dass der Planet des Friedens, der über Seinem Haupt schwebte, und der sich herab senkte und Seinen Geist aufnahm und Ihn aus dem Antlitz der Erde entfernte, dass all dies nichts als eine Massensuggestion gewesen ist in den Augen der Gläubigen. Ja, das werden sie euch sagen, diese Zyniker, diese Fakten versessenen Kreaturen, unfähig zum Glauben, dass ein Mann unsterblich werden kann, dass Stein Stein überwindet; dass dieser sanftmütigste aller Männer zugleich der stärkste und größte und ausdauerndste aller Männer war, und er wandelt wie ein Riese in unserer Mitte bis zu diesem Tag. Lasst es alle wissen und verbreiten, dass *ich* dieses glaube: *Ich* glaube, dass Stein zu Leben erwachen kann, und dass dieser große Mann sich aus den Ruinen seines entweihten Tempels erhob, um auf dem Land zu wandeln; wie ein hoch aufragender Riese wandelte Er, ein Riese mit dem Feuer der Gerechtigkeit in seinen Augen, und Er erhob seine Stimme gegen die fallenden Bomben, und Er wischte die Glut vom höllischen Himmel mit seinem schrecklichen Blick, und der Donner seiner Schritte versetzte die Erde ins Zittern, da er den Potomac zum Meer hinunter wandelte. 'Seht, ich bin auferstanden' verkündete Er, 'seht, ich wandle wieder auf Erden. Seht mich an, ihr Menschen der Erde - ich bin gekommen, euch von den Fesseln eurer Furcht zu befreien, und ich habe den Planeten des Friedens aus den Unendlichkeiten von Raum und Zeit herbei befohlen, um Meinen Geist zu den Sternen zu bringen. Siehe, ich *erzwinge* den Frieden für euch, ihr Völker der Erde, und ich befehle euch, diesen schrecklichen Tag stets in Erinnerung zu bewahren, als ihr die Menschlichkeit aus euren Häusern vertrieben und eure Tore dem Verderben geöffnet habt ...' Ja, Er sagte diese Worte, ich schwöre euch, Er sagte diese Worte, als er den Potomac zum Meer hinabschritt unter den aufblitzenden Feuern der Bomben, während der Planet des Friedens hoch über seinem Haupte glänzte, und wenn ihr nicht an die Wanderung Seines Geistes über das Land und Seinen Aufstieg zu den Sternen glaubt, dann seid ihr so gut wie tot, ohne Hoffnung, ohne Liebe, ohne Mitleid, ohne Sanftmut, ohne Menschlichkeit, ohne Demut, ohne Sorgen, ohne Schmerz, ohne Glück, und ohne Leben. Amen."

Das traurige Rascheln der Würmer kroch langsam wieder in den Raum. Mit einem Ruck erkannte Drake, dass er seinen Kopf gesenkt hatte.

Er hob ihn abrupt. Der heilige Andreas betrachtete ihn verwirrt. "Haben Sie ihre Familie benachrichtigt, Mr. Drake?"

"Nein" sagte Drake. "Ich habe die Angelegenheit niemandem gegenüber erwähnt."

Der heilige Andreas spulte das Band zurück, nahm es aus dem Gerät und wollte es in seine Umhüllung stecken. "Warten Sie" sagte Drake, während er aufstand.

Wieder der verwirrte Blick. "Ja?"

"Ich möchte es kaufen" sagte Drake. "Ich zahle, was es Ihnen wert ist."

Der heilige Andreas stieg von seiner Kanzel herab und übergab ihm das Band. "Bitte nehmen Sie es als Geschenk. Ich bin sicher, sie hätte das gut geheißen." Es gab eine Pause. Dann: "Sind Sie ein Glaubender, Mr. Drake?"

Drake steckte das Band ein. "Nein. Oh, ich glaube, dass der Krieg von Neunzehnneunundneunzig an dem Tag endete, an dem er begann. Was ich nicht glaube: Dass die Nuklearsprengköpfe des Feindes durch den 'schrecklichen Blick' eines zweiten Christus neutralisiert wurden. Ich bin der Meinung, die Neutralisierung erfolgte durch ein Lambda-Xi-Feld, das außer Kontrolle geriet und in diese Gegend abdriftete - die gleiche Art Bombardierung, die mich beinahe vernichtet hätte."

"Und eine löbliche Theorie ist es, in der Tat - aber ist Ihre Schilderung im Grunde nicht ebenso abhängig von einer göttlichen Intervention wie die vandalische Wanderschaft?"

"Nicht unbedingt. Solche Zusammenhänge erscheinen uns nur deshalb als Vorsehung, weil wir den Makrokosmos auf mikrokosmischer Grundlage zu deuten versuchen. Nun, ich muss jetzt gehen, heiliger Andreas. Die führenden Köpfe bei der Pastellseidenfirma sollten inzwischen zu einer Entscheidung bezüglich meiner durchsichtigen Ladung gekommen sein. Danke für das Band und für Ihre Bemühungen."

"Ich danke *Ihnen* für die Neuigkeiten, die Sie mir bezüglich der heiligen Annabelle Leigh gebracht haben. Auch wenn es sich um schlechte Neuigkeiten handelt. Auf Wiedersehen."

"Auf Wiedersehen" sagte Drake und ging.

***

Die Büros der Pastellseide GmbH waren so zahlreich wie beeindruckend, und das Gebäude, das sie beherbergte, füllte ein ganzes Fußballfeld. Das Flüstern der Würmer konnte man hier nicht hören, denn die schallisolierten Wände ließen nichts herein und das sterile Summen der Klimaanlage unterdrückte den Rest. "Hier entlang,. Mr. Drake" sagte eine entsetzte Bürodame, "Mr. Prompton erwartet Sie."

Der Vizepräsident der Pastellseiden GmbH erschrak sichtlich beim Eintreten von Drake, aber Drake hatte sich in der Zwischenzeit an diese Art von Reaktion auf sein Aussehen gewöhnt. "Gute oder schlechte Neuigkeiten, Mr. Prompton?" sagte er.

"Schlechte Neuigkeiten, fürchte ich. Bitte nehmen Sie Platz, Mr. Drake."

Drake tat wie geheißen. "Aber meine Fracht muss doch noch irgendetwas wert sein."

"Nicht für uns, und auch nicht für *Dernier Cri* Bekleidungen. Und es gibt auch keine Möglichkeit, sie zu retten. Doch Sie könnten die La-

165

dung auf einem der Hinterlandplaneten loswerden, und zu diesem Zweck ist unsere Firma bereit, die uns zustehende Kompensation von Ihrer Versicherungsgesellschaft für sechs Monate aufzuschieben."

"Sechs Monate sind keine große Zeit, um tausend Ballen unsichtbare Seide loszuwerden" sagte Drake.

"Ich betrachte unser Angebot als äußerst großzügig. Wenn Sie natürlich kein Interesse daran haben, können wir -"

"Ich will's probieren" sagte Drake. "Welchen der Hinterlandplaneten würden Sie mir empfehlen?"

"Marie Elena, Löwenzahn, Kleine Sonne, Schrecklicher -"

"Wäre Azure eine Möglichkeit?"

"Ja, natürlich, Azure sollte einen potentiellen Markt bieten. Seine Bewohner gehören hauptsächlich dem Bauernstand an, und ich könnte mir vorstellen, dass sie farbigen Nebel und pastellfarbenes Nichts attraktiv finden."

"Gut" sagt Drake, "dann mach ich mich auf die Socken."

"Einen Augenblick, Mr. Drake. Bevor Sie gehen, hätte ich einen Vorschlag bezüglich Ihrer Erscheinung."

Drake zögerte. "Ich sehe nichts, was ich da tun könnte."

"Da gibt es eine ganze Reihe von Möglichkeiten. Erstens könnten Sie sich Kleidung besorgen, die *nicht* durchsichtig ist. Zweitens könnten Sie sich eng anliegende Handschuhe kaufen. Drittens wäre eine fleischfarbene Maske angebracht, die sich über Ihre Gesichtszüge legt. Mit anderen Worten: Sie können aufhören, eine geisterhafte Erscheinung in den Augen derjenigen zu sein, die Sie treffen, und sich so in einen perfekten Seidenkaufmann verwandeln."

Drake schwankte von einem Fuß auf den anderen. "Ich fürchte, ich kann nichts dergleichen tun" sagte er.

"Nein? Im Namen aller Rabattgeschäfte, warum nicht?"

Der Begriff "Buße" kam Drake in den Sinn, aber er ignorierte ihn. "Ich weiß nicht" sagte er. Er wandte sich zum Gehen.

"Eine Minute noch, Mr. Drake. Würden Sie mich, bevor Sie uns verlassen, bezüglich einer Angelegenheit aufklären?"

"Na gut."

Mr. Prompton räusperte sich. "Waren Ihre Vorfahren zufällig Holländer?"

"Nein" sagte Drake und ging.

Azure

Die beste Möglichkeit, sich Azure vorzustellen, beginnt mit einem Weintraubenbündel. Das Bündel hat einen kobaltblauen Schimmer und ist Teil eines ebenfalls kobaltblauen Bündels weiterer Bündel. Das Bündel hängt an einer Rebe, die vor herzförmigen Blättern geradezu birst, und die Rebe gehört zu einer Reihe ähnlicher Reben innerhalb einer grünenden Reihe, und viele dieser Reihen bilden einen grünenden Weinberg. Sehen Sie die Landschaft vor Augen? - die lieblichen Weinberge, die sich in der Ferne verlieren, dazwischen die weißen Häuser mit ihren roten Dächern? - die Zwischenräume, gefüllt mit Feldern und grünen Mahden darauf, die Flüsse und glitzernden Bäche, die sich durch die Landschaft winden? - die blauen Augen kleiner Seen, die in den warmen blauen Himmel blicken, wo der große Sirius strahlt und der kleine Sirius glänzt? Stell dir nun Menschen vor, wie sie in den Feldern und Weingärten arbeiten; stell dir Bäume vor und Kinder, die unter ihren Kronen spielen; stell dir Hausfrauen vor, die aus Hintereingängen kommen und handgewebte Teppiche schütteln, die wie kleine Regenbogen aussehen; stell dir Spielzeug-Züge vor, die über Antischwerkraftgleisen von Dorf zu Dorf schweben, von Stadt zu Stadt, die das ganze bezaubernde

Schema zusammenhalten und mit dem Weltraumhafen *Vin Bleu* verbinden. Stell dir zuletzt eine schmale Straße vor, die sich durch die Weinberge windet, und einen Mann, der auf ihr geht. Ein Mann? Nein, kein Mann - ein Geist. Ein großer, hagerer Geist in geisterhaftem Weltraumanzug. Ein Geist namens Nathaniel Drake.

Er war viele Kilometer mit dem Zug gekommen und er hatte viele Dörfer auf seinem Weg besucht und mit vielen Händlern geredet, wobei er jedes Mal seinen Pastellseidenballen entrollte und zur Inspektion freigab, und jedesmal hatte er ein "nein" entgegen nehmen müssen. In der Stadt, die er gerade verlassen hatte, war es die gleiche Antwort gewesen, und inzwischen wusste er, dass er überall auf Azure die gleiche Antwort zu erwarten hätte, aber im Augenblick war es ihm egal. Im Augenblick strebte er danach, den wirklichen Grund seines Besuchs zu verwirklichen, und der wirkliche Grund hatte nichts mit dem Verkauf von Pastellseide zu tun.

Er konnte das Haus bereits sehen. Es hockte abseits der Straße. In ihm war sie groß geworden. Entlang dieser Straße war sie zur Schule gegangen. Zwischen diesen blühenden Weingärten. Unter diesem wohlwollenden blauen Himmel. Irgendwann während dieser grünen Jahre musste sie gesündigt haben.

Wie alle seine Nachbarn war das Haus weiß mit rotem Ziegeldach. In der Mitte des Vorgartens wuchs ein Liebesbaum, und der Baum stand in Blüte. Bald würden die Blüten abfallen, denn der Herbst nahte. Die Zeit der Weinernte stand bevor. Hatte sie in diesen Weingärten Reben gepflückt? fragte er sich. Hatte sie, in bunte Kleider gehüllt, zwischen den Körben voller Trauben in strahlendem Blau gewandelt? Und war sie am Abend in dieses kleine Haus zurückgeehrt, um ihr Gesicht mit Wasser aus dem archaischen Brunnen zu kühlen, um danach in der Stube Brot zu brechen? Und war sie anschließend heraus gekommen, um in der einbrechenden Dunkelheit auf ihren Liebhaber zu warten? Nathaniel Drakes Puls wurde schneller, als er den Weg über den Rasen zum kleinen Eingang beschritt. Egal, was der heilige Andreas gesagt hatte, die heilige Annabelle Leigh konnte nicht die ganze Zeit eine Heilige gewesen sein.

Ein Mädchen in gelbem Umstandskleid öffnete die Tür. Ihr Haar war hyazinthfarben, die Augen blau, die Gesichtszüge zart. Sie schnappte nach Luft, als sie Drake sah, und trat einen Schritt zurück. "Ich bin wegen Annabelle Leigh gekommen" sagte er schnell. "Hat der heilige Andreas Ihnen gefunkt, was geschehen ist? Er sagte, er würde das tun. Ich bin Nathaniel Drake."

Die Furcht des Mädchens verschwand so schnell, wie sie gekommen war. "Ja, das hat er. Bitte treten Sie ein, Mr. Drake. Ich bin Penelope Leigh - Annabelles Schwägerin."

Der Raum, den er betrat, war gleichzeitig freundlich und bäuerlich. Ein langer Holztisch stand vor einem großen steinernen Kamin. Es gab gepolsterte Sessel und Bänke, den Boden zierte ein handgewebter Fleckenteppich mit allen Farben des Regenbogens. Ein großes Gemälde der vandalischen Wanderung hing über dem Kamin. Zunächst war die Marmorstatue des Befreiers groß gewesen, doch im Verlauf der Jahrhunderte wurde sie durch die Erzählungen der Menschen ins Kolossale gesteigert. Künstler müssen die Meinung des Volkes widerspiegeln, und der Maler dieses Gemäldes bildete keine Ausnahme. Im Kontrast zu der alles überragenden Gestalt, welche den Fluss entlangschritt, war der Potomac selbst nur ein kleines Rinnsal; Häuser glichen Streichholzschachteln, Bäume Gräsern. Sterne umschwirrten das hagere graue Gesicht, und einige der Sterne waren glühende Kometen und Golems und T-4As, die in die Atmosfäre eindrangen, und andere waren Abfangjäger, die gen Himmel rasten. Das Meer glomm blutrot im Hintergrund, die zerbrochenen Säulen des zerfallenen Denkmals wurden gespenstisch beleuchtet von den höllischen Strahlen des Begräbnisscheiterhaufens der Hauptstadt Washington. Hoch über der geisterhaften Landschaft schwebte die bleiche Kugel des Friedensplaneten.

"Bitte nehmen Sie Platz, Mr. Drake" sagte Penelope. "Annabelles Vater und Mutter sind im Weingarten, aber sie werden bald zu Hause sein."

Drake suchte sich einen der gepolsterten Sessel aus. "Hassen sie mich?" fragte er.

"Natürlich nicht, Mr. Drake, und ich auch nicht."

"Wissen Sie, ich hätte ihren Tod vermeiden können" sagte Drake. "Hätte ich sie auf Iago Iago abgesetzt, worum sie mich gebeten hatte, dann wäre sie jetzt noch am Leben. Doch ich habe meinen Pilotenschein höher bewertet. Ich habe zu sehr an mein tägliches Brot gedacht."

Penelope hatte sich in einem Polstersessel ihm gegenüber niedergelassen. Sie lehnte sich jetzt vor, und ihre blauen Augen sahen ihn direkt an. "Es besteht keine Notwendigkeit, dass Sie Ihre Handlungen mir gegenüber rechtfertigen, Mr. Drake. Mein Mann ist Techniker am Suezkanal, und er kann seinen Beruf auch nicht ohne Berechtigung ausüben. Er hat sehr hart gearbeitet, damit er sie bekommt, und er würde nicht im Traum daran denken, sie aufs Spiel zu setzen. Das würde ich auch niemals tun."

"Das wäre Annabelles Bruder, nicht wahr? Ist er hier?"

"Nein. Er hält sich auf Ausweg auf, um das 'Loch' zu stopfen. Tatsächlich haben sie es noch gar nicht gefunden. Alles, was sie darüber wissen: Es befindet sich am Ausgang der Verwerfung. Die Situation ist wirklich ernst, Mr. Drake - viel ernster, als die Behörden zugeben. Verwerfungssickerstellen sind was ganz Neues, und man weiß sehr wenig über sie. Ralph meint, diese eine Sickerstelle könnte das ganze Kontinuum ins Ungleichgewicht bringen, wenn man sie nicht rechtzeitig findet und repariert."

Drake hatte den ganzen langen Weg nach *Campagne Paisible* nicht zurückgelegt, um sich über Sickerstellen zu unterhalten. "Wie gut haben Sie Ihre Schwägerin genannt, Frau Leigh?" fragte er.

"Ich dachte, ich kenne sie sehr gut. Wir sind zusammen aufgewachsen, sind gemeinsam zur Schule gegangen, wir waren die besten Freundinnen. Ich *müsste* sie sehr gut kennen."

"Erzählen Sie mir mehr darüber."

"Sie war in keiner Weise eine extravertierte Person, und doch hatte sie jeder gern. Sie war eine ausgezeichnet Schülerin - exzellent in allem außer antiker Literatur. Sie redete nie viel, aber wenn sie etwas sagte, hörten alle zu. In ihrer Stimme lag da etwas ..."

"Ich weiß" sagte Drake.

"Wie gesagt, ich *sollte* sie sehr gut gekannt haben, aber offensichtlich war das nicht der Fall. Offensichtlich kannte sie niemand. Wir waren alle höchst erstaunt, als sie davonlief - besonders Estevan Viersohn."

"Estevan Viersohn?"

"Er ist ein Polysirianer - er lebt auf dem nächsten Bauernhof. Er und Annabelle sollten heiraten. Und dann, wie gesagt, lief sie davon. Keiner von uns hörte was von ihr ein ganzes Jahr lang, und Estevan hörte nie wieder etwas von ihr. Einfach von ihm davonzulaufen war ganz und gar nicht ihre Art. Sie war ein freundlicher und sanftmütiger Mensch. Ich glaube, er hat das nie überwunden, obwohl er vor ein paar Monaten heiratete. Obwohl, was uns noch mehr überraschte als ihr Davonlaufen war die Nachricht, dass sie eine Heilige werden wollte. Sie war nie in irgendeiner Weise religiös gewesen, oder wenn, dann behielt sie das als tiefes Geheimnis."

"Wie alt war sie, als sie euch verließ?" fragte Drake.

"Beinahe zwanzig. Wir veranstalteten ein Picknick am Vortag. Ralph und ich, sie und Estevan. Wenn ihr irgendetwas Sorgen bereitete, dann hat sie es nicht gezeigt. Wir hatten eine Stereokamera und machten Aufnahmen. Sie bat mich um ein Foto, wo sie auf einem Hügel stand, und ich hab's gemacht. Ein wunderbares Foto - wollen Sie es sehen?"

Ohne auf seine Antwort zu warten erhob sie sich und verließ den Raum. Einen Augenblick später kam sie mit einem kleinen Stereo-Schnappschuss zurück. Sie überreichte ihn Drake. Der Hügel war hoch, und Annabelle hob sich scharf gegen einen azurblauen Hintergrund ab. Sie trug ein rotes Kleid, das kaum zu ihren Knien reichte, und das den herrlichen Schwung ihrer Oberschenkel und Hüfte voll zur Geltung kommen ließ. Ihre Hüfte war schmal, und deren Breite stand in vollkommener Harmonie zur Breite ihrer Schultern - Einzelheiten, die von ihrer Kirchenuniform verdeckt worden waren. Das Frühlingslicht hatte ihr Haar zu Strohgelb gebleicht und ihre Haut in Gold gebadet. Zu ihren Füßen lagen blühende Weingärten, und es sah aus, als wäre auch sie ein Teil der anstehenden Weinernte, gereift unter der warmen Sonne, in Erwartung, abgeschmeckt und verkostet zu werden.

Ein schmerzhafter Knoten bildete sich in Drakes Kehle. Er hob seinen Blick zu Penelope. Warum hast du mir das gezeigt? fragte er in schweigender Verzweiflung. Laut sagte er: "Darf ich es haben?"

Die Überraschung auf ihrem Gesicht färbte ihre Stimme. "Ja - ja natürlich, denke ich. Ich hab das Original und kann ein weiteres Foto machen lassen ... Haben Sie sie gut gekannt, Mr. Drake?"

Er verstaute das Bild in der Brusttasche seiner Uniform, wo es als dunkles Rechteck sein Herz verdeckte. "Nein" sagte er, "ich kannte sie überhaupt nicht."

Bei Einbruch der Dämmerung kamen Annabelles Eltern vom Weingarten. Die Mutter, gewichtig und mit rosigen Wangen, sah immer noch attraktiv aus, aber ihre Schönheit war weit entfernt von der ihrer Tochter. Um Annabelle zu sehen, musste man das sensible Gesicht ihres Vaters betrachten. Man konnte sie am Verlauf von Wangen und Kinn entdecken, und in der hohen, breiten Stirn. Man konnte sie in der Tiefe seiner braunen Augen sehen. Drake blickte weg.

Er wurde zum Abendessen eingeladen, und er nahm die Einladung an. Doch wusste er, hier würde er nicht finden, was er suchte, denn wenn es eine andere Seite ihres Wesens gab, dann hatte sie diese vor ihrer Familie verborgen. Wenn überhaupt, dann würde er etwas von Estevan Viersohn erfahren. Nach dem Essen bedankte sich Drake bei den Leighs für ihre Gastfreundschaft und machte sich auf den Weg.

Estevan Viersohn lebte in einem Haus ziemlich ähnlich dem der Leighs. Weingärten wuchsen dahinter, Weingärten erstreckten sich auf jeder Seite, und jenseits der Straße blühten noch mehr Weingärten. Der süße Duft reifender Tauben war beinahe widerlich. Drake erklomm die Treppen der Veranda, stand in dem künstlichen Licht, das durch ein Fenster in der Tür strömte, und klopfte. Ein großer junger Mann in pastellfarbenen Freizeithosen und einem rotkarierten Bauernhemd kam den Flur entlang. Er trug dunkelbraunes Haar, seine Augen waren grau, seine Lippen voll. Nur die Mahagoniefarbe seiner Haut verriet seinen Ursprung - die Hautfarbe und seine unerschütterliche Ruhe, als er die Tür öffnete und Drake sah. "Was wünschen Sie?" fragte er.

"Estevan Viersohn?"

Der junge Mann nickte.

"Ich möchte mit Ihnen über Annabelle Leigh sprechen" fuhr Drake fort. "Es war auf meinem Schiff, als sie -"

"Ich weiß" unterbrach ihn Estevan. "Penelope hat es mir erzählt. Nathaniel Drake, nicht wahr?"

"Ja. Ich -"

"Wieso interessieren Sie sich für eine tote Frau?"

Einen Augenblick lang war Drake aus der Fassung. Dann: "Ich - ich fühle mich für ihren Tod verantwortlich, irgendwie."

"Und Sie denken, wenn Sie mehr über sie wissen, dann werden Sie sich weniger verantwortlich fühlen?"

"Möglicherweise. Würden Sie mir etwas über sie erzählen?"

Estevan seufzte. "Manchmal frage ich mich, ob ich sie wirklich gekannt habe. Aber kommen Sie, ich werde Ihnen erzählen, was ich denke, dass ich weiß. Wir werden die Straße entlang gehen - das ist nichts für die Ohren meiner Frau."

Unter den Sternen sagte Drake: "Ich sprach mit dem Heiligen, der sie einwies. Er hatte eine sehr hohe Meinung von ihr."

"Er konnte kaum anders denken."

Estevan bog von der Straße ab und wählte einen Weg zwischen Weinreben im Sternenlicht. Enttäuscht folgte ihm Drake. Hatte Annabelle Leigh nie etwas falsch gemacht? Es schien so.

Eine Zeitlang gingen die beiden Männer schweigend nebeneinander, dann sagte Estevan: "Ich wollte, dass Sie diesen Ort sehen. Sie kam oft hierher."

Sie hatten den Weingarten verlassen und kletterten einen kleinen Abhang hinauf. Oben legte Estevan eine Pause ein. Unter ihnen senkte sich der Boden langsam zum bewaldeten Ufer eines kleinen Sees. "Hier schwamm sie oft nackt im Sternenlicht" sagte Estevan. "Ich sah ihr oft zu, aber sie wusste es nicht. Kommen Sie."

Ermutigt folgte Drake dem Polysirianer den Abhang hinab, durch die Bäume zum Seeufer. Drake bückte sich und fühlte das Wasser. Es war eiskalt. Ein steinerner Vorsprung fiel ihm auf. Die Natur hatte den Granitblock so gestaltet, dass er wie eine Steinbank aussah, und als er sich ihm näherte, entdeckte er, dass jemand diese Ähnlichkeit künstlich vergrößert hatte. "Das war ich" sagte Estevan hinter ihm. "Wollen wir uns setzen?"

Als sie saßen, sagte Drake: "Ich kann mir schwer vorstellen, dass sie hier gesessen hat. Das kommt wahrscheinlich daher, dass ich Heilige immer mit kalten Fluren und vollgestopften kleinen Zimmern assoziiere. Dieser Ort hat etwas Heidnisches."

Estevan schien ihn nicht zu hören. "Manchmal nahmen wir unser Abendessen von den Weingärten mit" sagte er. "Wir saßen dann auf dieser Bank und aßen und plauderten. Wir liebten einander sehr -

zumindest sagte das jeder. Jedenfalls für mich traf es zu. Was mit ihr war, das weiß ich nicht."

"Aber sie muss Sie geliebt haben. Sie wollten doch heiraten, oder?"

"Ja, wir wollten heiraten." Estevan schwieg eine Weile; dann: "Aber ich glaube nicht, das sie mich liebte. Ich glaube, sie fürchtete sich, mich zu lieben. Oder irgendeinen anderen. Früher verletzte mich allein der Gedanke. Jetzt ist alles vorbei. Ich bin verheiratet, ich liebe meine Frau. Annabelle Leigh gehört zur Vergangenheit, und die Vergangenheit ist vorbei. Jetzt kann ich an die Zeiten denken, da wir zusammen waren, und die Gedanken sind nicht länger schmerzhaft. Ich kann daran denken, wie wir gemeinsam in den Weingärten gearbeitet haben, wie wir die Weinreben zusammenbanden, und ich sehe sie in der Sonne stehen, zur Erntezeit, ihre Arme voll blauer Trauben, mit dem Sonnenlicht auf ihrer goldenen Haut. Ich kann mich an den Nachmittag erinnern, als uns der Regen überraschte, als wir an den Weintrauben vorbei rannten, völlig durchnässt, und dann machten wir Feuer im Verschlag, damit sie ihr Haar trocknen konnte. Ich sehe sie noch, wie sie sich über die Flammen beugt und ihr regendunkles Haar langsam seinen hellen Bronzeton annahm, und wie die Regentropfen einzeln aus ihrem glühenden Gesicht verschwanden. Da habe ich sie an mich gerissen und geküsst, und sie hat sich wild befreit und ist in den Regen hinaus gelaufen, und der Regen rann an ihr herunter, als sie davon lief ... Ich hab nicht einmal versucht, sie wieder einzufangen, weil ich wusste, dass das nichts bringen würde. Ich stand einfach neben dem Feuer, elend und allein, bis der Regen aufhörte, und dann ging ich heim. Ich dachte, sie wäre wütend auf mich, am nächsten Tag, aber das war sie nicht. Sie tat so, als hätte es den Regen nie gegeben, als hätte sich meine Leidenschaft nie Bahn gebrochen. In dieser Nacht fragte ich sie, ob sie mich heiraten würde. Ich konnte es kaum glauben, als sie ja sagte. Nein, diese Augenblicke bereiten mir keine Schmerzen mehr, und ich kann sie Ihnen ganz ruhig erzählen. Ich glaube, Annabelle wurde ohne Leidenschaft geboren, und deshalb konnte sie so was in anderen nicht verstehen. Sie versuchte, die Handlungen normaler Menschern nachzuahmen, aber es gibt eine Grenze dafür, und als sie diese Grenze erkannte, lief sie davon."

Drake blickte finster in die Dunkelheit. Er dachte an das Band, das ihm der heilige Andreas gegeben hatte, und an das Bild, das er in der linken Brusttasche trug. Soviel er sich auch anstrengte, er konnte diese beiden Anabelles nicht mit der neuen Annabelle vereinbaren, die soeben die Bühne betreten hatte. "Sagen Sie" fragte er Estevan, "als sie davon rannte, haben Sie da versucht ihr nachzulaufen?"

"Hab ich nicht - nein; aber ihre Leute taten es. Wenn eine Frau davonläuft, weil sie sich vor der Liebe fürchtet, hat es keinen Zweck, ihr nachzulaufen, denn wenn du sie einholst, wird sie weiter rennen." Estevan erhob sich. "Ich muss zurück - meine Frau wird sich fragen, wo ich bin. Ich habe Ihnen alles erzählt, was ich weiß."

Er ging durch die Bäume. Drake folgte ihm bitter enttäuscht. Sein Versuch, die Frau, die er hasste, in Misskredit zu bringen, war gescheitert. Im Gegenteil, er hatte sie sogar gerechtfertigt. Die neue Annabelle war möglicherweise mit den anderen beiden Annabelles unvereinbar, doch war sie sicherlich nicht unvereinbar mit ihrer Rolle als Heiliger, und was die anderen beiden samt deren Widersprüche betraf, so konnten auch sie mit ihrer Heiligkeit in Einklang gebracht werden. Es war ein langer Weg vom Mädchen auf dem Hügel zu dem Mädchen, das er im Lagerraum eingesperrt hatte, wo sie dann starb, aber der Weg war nicht unlogisch und daher möglich. Zwei Jahre genügten, um die überladenen Frühlingsfeuer in Herbstglut zu verwandeln -

Zwei Jahre? So lange hatte sie unter dem Heiligen Andreas gedient. In der Kabine der *Flieg bei Nacht* hatte sie ihr Alter aber mit dreiundzwanzig angegeben.

Die beiden Männer hatten die Straße erreicht. Plötzlich erregt wandte sich Drake an Estevan. "Wie alt war sie, als sie ging?" fragte er. "Wie alt genau?"

"In zwei Monaten wäre sie zwanzig geworden."

"Als sie den Planeten verließ, hat jemand ihren Flug überprüft? Weiß jemand sicher, dass sie direkt nach Vergissmeinnicht flog?"

"Nein. Damals kam es niemand in den Sinn - nicht einmal der Polizei - dass sie Azure verlassen haben könnte."

Also könnte sie überall hin gegangen sein dachte Drake. Laut sagte er: "Vielen Dank für Ihre Mühe, Estevan. ich mach mich jetzt auf den Weg."

***

Er fuhr mit dem Antischwerkraftzug zum Weltraumhafen *Vin Bleu*, nur um gesagt zu bekommen, dass die von ihm gewünschten Unterlagen nur autorisierten Personen zugänglich wären. Durch Verteilen eines gewissen Anteils seines schnell dahin schmelzenden Vermögens (er hatte die zweite Hälfte seines auf zwei Planeten verteilten Gelds auf Vergissmeinnicht abgehoben) gelang ihm eine vorübergehende Aufhebung dieser Regelung. Ein Blick in das umfangreiche Abreise-Logbuch genügte, den gewünschten Eintrag zu finden. Er war über drei Jahre alt und lautete: *9. Mai 3663: Annabelle Leigh via Transspacelines nach Verlorene Welten, C-Klasse, Abflugzeit 19:01, Allgemeine Sternzeit.*

Hoffnung durchflutete ihn. Auf Verlorene Welten gab es keine Missionen der Kirche der Emanzipationsarmee. Verlorene Welten war ein El Dorado für Sünder, nicht für Heilige.

Nach einigen Stunden war Azure nur noch ein blauer Fleck im Rückfenster der *Flieg bei Nacht*.

Auf dem Kartentisch in seiner Kabine saß Madame Gin. Drake betrachtet sie eine Zeit lang. Trotz ihrer Weigerung, ihm in Zeiten der Not zu helfen, fand er ihre Gegenwart immer noch unersetzlich. Warum also nahm er sie nicht sofort in Beschlag, um seinen Geist mit ihren fusseligen Philosophien zu bereichern?

177

Er zuckte die Schultern und wandte sich ab. Er klebte das Bild, das ihm Penelope gegeben hatte, auf den Fuß der Kartenlampe; dann legte er das Band vom heiligen Andreas in den Autopiloten und programmierte dessen Abspielen als Endlosschleife über das Intercom-System. Er kehrte zum Tisch zurück und setzte sich. Madame Gin ignorierte er, dafür konzentrierte er sich auf das Mädchen auf dem Hügel -

"Ich erwählte diesen Tag, um zu euch über die vandalische Wanderschaft zu sprechen, wie Sein Geist über das Land wandelte; wie Sein steinernes Denkmal sich aus den Tempelruinen erhob, wo es in schweigender Meditation siebenundachtzig Jahre lang gesessen hatte, und wie es zum Leben erwachte, um zum blutroten Meer zu wandeln ..."

Verlorene Welt

Gemeinsam mit Azure gehörte Verlorene Welt zu den inneren Planeten des ausgedehnten sirianischen Systems. Ansonsten hatte es mit Azure wenig gemeinsam, und zur Zeit von Nathaniel Drake waren die Gemeinsamkeiten noch geringer.

Vor der kommerziellen Apotheose seines strahlenden Nachbars namens Sternenglanz hatte Verlorene Welt als Urlaubsziel geblüht. Jetzt waren seine einst luxuriösen Hotels und Vergnügungstempel außer Gebrauch gekommen, und die einstmals berühmten breiten Strände säumten Abfall, tote Fische und verrottende Algen. Aber Verlorene Welt war nicht tot - überhaupt nicht. Dreht man den verfaultesten aller Baumstämme um, entdeckt man unzähliges Leben, und die verrottete Welt der Verlorenen Welt bildete keine Ausnahme.

Nathaniel Drake landete in der Hafenstadt mit dem hübschen Namen "Himmlisch" und setzte seine bildzerstörerische Suche fort. Annabelle Leighs Spur indes endete beinahe, wo sie begonnen hatte. Sie war im Halcyon Hotel abgestiegen und am nächsten Tag schon wieder abgereist, ohne eine Adresse zu hinterlassen.

Unbeeindruckt kehrte Drake zum Hafen zurück, verteilte noch ein bisschen seines kaum mehr vorhandenen Reichtums, und erhielt Zugang zum Abreise-Fahrtenbuch. Schließlich fand er den Eintrag: *26. Juni 3664: Annabelle Leigh via Transspacelines nach Vergissmeinnicht, A-Klasse. Abflugzeit: 06:19, Allgemeine Sternzeit.*

Sternzeit war gleichzeitig Erdenzeit, und wiewohl diese Zeit für die Berechnung wichtiger Daten verwendet wurde (z.B. das Alter einer Person), wichen lokale Zeitangaben häufig davon ab. Obwohl Monat und Jahr auf Verlorene Welt etwas anderes andeuteten, wusste Drake definitiv, dass Annabelle Leigh den Planeten vor über zwei Jahren verlassen hatte, oder etwa ein Jahr nach ihrer Ankunft.

Und auf Grund ihres Reise-Status schien sich ihre finanzielle Situation in der Zwischenzeit verbessert zu haben.

Hatte sie die ganze Zeit in Himmlisch verbracht?

Als alle Möglichkeiten, mehr Informationen zu erhalten, sich als fruchtlos erwiesen, ließ er das Bild von Penelope kopieren und zeigte es der Vermisstenabteilung auf Himmlisch. Er überredete die Leute, täglich eine Mitteilung auszusenden, dergestalt, dass er, Nathaniel Drake, jedem Informanten fünfzig Credit zahlen würde, der ihn mit Informationen aus erster Hand bezüglich des Mädchens auf dem Foto versorgen könnte. Dann zog er sich auf sein Zimmer im Halcyon Hotel zurück und wartete auf das Läuten seines Visiphones.

Sein Visiphon läutete nicht, dafür einige Tage später die Türglocke. Als er die Tür öffnete, sah er einen alten Mann in schäbigen Fetzen im Flur stehen. Der Alte sah ihn kurz an, verlor den Rest seiner Farbe und wollte davonlaufen. Drake packte ihn am Arm. "Vergessen Sie mein Aussehen" sagte er. "Einhundert meiner Credits machen einen Rockefeller, und ich zahle bar, wenn Sie mir die Information liefern, die ich möchte."

Ein bisschen von seiner ursprünglichen Farbe kehrte in das Gesicht des Alten zurück. "Ich hab's, mein Herr - machen Sie sich darüber keine Sorgen." Er langte in die Innentasche seines schmutzigen Mantels und holte etwas hervor, was wie eine vielfach gefaltete

Landkarte aussah. Er entfaltete sie umständlich, schüttelte sie, und hielt sie Drake vor Augen. Es war ein Stereo-Plakat eines Mädchens, lebensgroß und in Farbe - das gleiche Mädchen, das sich auf einem Hügel auf Azure hatte fotografieren lassen -

Nur war sie diesmal nicht mit einem roten Kleid bekleidet. Sie trug ein *cache-sexe*, und außer Sandalen war das alles, was sie anhatte.

Drake konnte sich nicht rühren.

Am Fuße des Plakats stand: *Mary Langbein strippt jetzt bei König Tutanchamon.*

Plötzlich erwachte Drake aus seinem Schockzustand. Er entriss dem Alten das Plakat. "Wo haben Sie das her?" wollte er wissen.

"Ich hab's gestohlen. Hab's von der Plakatwand vom König heruntergerissen, wie niemand zugeschaut hat. Hab's seitdem immer mit mir rumgetragen."

"Haben Sie sie jemals gesehen ... bei der Vorführung?"

"Und ob! Sie haben so was noch nie gesehen. Sie hat -"

"Wann?"

"Vor zwei-drei Jahren. Große Jahre. Sie wollen doch die da, oder? Ich hab's gewusst, wie ich das Bild im Programm gesehen habe. Sicher, der Name ist anders, aber, sag ich mir, das ist sie, das ist das Mädchen. Sie hätten Sie sehen sollen wie sie getanzt hat, Mister. Wie schon gesagt, sie -"

"Wo ist dieser König Tutankamon?" fragte Drake.

"In Storeyville. Wie schon gesagt, sie hat -"

"Halts Maul" sagte Drake.

Er zählte fünfzig Credits in die Hand des Alten. Der Alte sah ihn intensiv an. "Sie sind der Fliegende Holländer des Weltraums, nicht wahr?"

"Und wenn's so wäre?"

"Sie sehen gar nicht holländisch aus. Sind Sie's?"

"Nein" sagte Drake, betrat sein Zimmer und schlug die Tür zu.

***

Die Antischwerkraftzüge auf Verlorene Welt waren so heruntergekommen wie die Dörfer und Städte, die sie verbanden. Drake fuhr die ganze Nacht und den ganzen nächsten Morgen. Er schlief keine Sekunde während der ganzen Fahrt, und als er den Zug in Storeyville verließ, sah er noch geisterhafter aus als sonst.

Sein Aussehen provozierte die üblichen Schocks. Er ignorierte sie und suchte seinen Weg zur Hauptstraße. Groß und hager und grimmig, so stand er da, betrachtete die schmutzigen Fassaden auf beiden Seiten der Straße und entdeckte schließlich das Neonnamensschild, das er suchte. Eine Bande minderjähriger Taschendiebe folgte ihm, als er die Straße entlang ging. "Der Fliegende Holländer des Weltraums" schrien sie. "Schaut mal, der Fliegende Holländer des Weltraums!"

Er drehte sich um, blickte sie finster an, und sie rannten davon.

Das Äußere von König Tutankamon sah reichlich heruntergekommen aus, doch einige Spuren seiner früheren Eleganz waren noch sichtbar. Im Inneren herrschte Dämmerung, und Drake musste sich den Weg zur Bar praktisch ertasten. Langsam verschwand die Helligkeit der nachmittäglichen Straße von seiner Netzhaut, und er konnte ein paar Einzelheiten ausmachen: Reihen von Flaschen. Obszöne Gemälde an der Wand. Ein oder zwei bleichgesichtige Kunden. Ein Kellner.

Draußen hatten sich die Taschendiebe neu zusammen gefunden und ihren höhnischen Chor wieder aufgenommen. "Der Fliegende Holländer des Weltraums, der Fliegende Holländer des Weltraums!" Der Kellner kam auf ihn zu. Er war fett, seine Haut hatte die Farbe einer Muskatnuss, sein Haar war weiß. "Ihr - Ihr Wunsch, mein Herr?" sagte er.

181

Drakes Augen hatten sich inzwischen an das Dämmerlicht gewöhnt, und so konnte er die obszönen Malereien genauer sehen, wobei er sich fragte, ob sie auch darunter war. Sie war nicht. Er wandte den Blick wieder dem Kellner zu. "Sind Sie der Besitzer?""

"König Tutankamon zu Ihren Diensten, mein Herr. Ich werde 'Der König' genannt."

"Erzählen Sie mir von Annabelle Leigh."

"Annabelle Leigh? Eine solche Person kenne ich nicht."

"Dann erzählen Sie mir etwas über Mary Langbein."

Das Licht, das des Königs Gesicht erleuchtete, hatte eine läuternde Wirkung. "Mary Langbein? In der Tat, da kann ich Ihnen einiges erzählen. Aber sagen *Sie* mir erst, haben Sie die Dame vor kurzem gesehen? Sagen Sie mir, geht es ihr gut?"

"Sie ist tot" sagte Drake. "Ich habe sie getötet."

Des Königs fettes Gesicht flachte ab; Feuer flackerten in seinen bleichen Augen. Dann füllte sich sein Gesicht wieder, und die Feuer verschwanden. "Nein" sagte er, "sie mag tot sein, aber Sie haben sie nicht getötet. Keiner würde Mary Langbein töten. Sie zu töten wäre, wie wenn man die Sonne tötet und die Sterne und den Himmel, und selbst wenn ein Mann das könnte, würde er es nicht tun, und er würde auch nicht Mary Langbein töten."

"Ich hab sie nicht absichtlich umgebracht." Er stellte sich vor und erzählte dem König über die Begegnung der *Flieg bei Nacht* mit einem Lambda-Xi-Feld, wie er die heilige Annabelle Leigh in den Lagerraum eingesperrt hatte, wo sie dann starb. "Wäre ich nicht so egoistisch gewesen" schloss er, "wäre sie noch am Leben."

Der König sah ihn mitleidsvoll an. "Und jetzt sind Ihre Hände voll Blut, und Sie müssen ihren Geist suchen."

"Ja" sagte Drake. "Jetzt muss ich ihren Geist suchen - und vernichten."

Der König schüttelte den Kopf. "Sie können suchen, so lange Sie wollen, und möglicherweise werden Sie ihn sogar finden. Aber Sie werden ihn nie vernichten, Nathaniel Drake. Er wird Sie vernichten. Mit diesem Wissen werde ich Ihnen bei der Suche helfen. Kommen Sie mit mir."

Er sprach in ein Intercom an seinem Ellbogen, dann kam er hinter der Bar hervor und führte Drake eine Wendeltreppe hinab in einen unterirdischen Raum. Bei ihrem Eintritt erglühten Lichtadern an der Decke, und der Raum entpuppte sich als großer Saal. Polstersessel standen reihenweise auf jeder Seite einer schmalen Rampe, die aus einer Bühne mit Samtvorhängen herausragte. Zur rechten Seite der Bühne stand ein Chromflügel.

"Es passt, dass ich Ihnen in diesem Raum von ihr erzähle" sagte König Tutankamon, "denn hier tanzte sie. Kommen Sie, wir nehmen die besten Plätze."

Drake folgte ihm den Gang entlang bis zur Verbindungsstelle zwischen Rampe und Bühne. Der König bot ihm den Platz nahe dieser Stelle an und setzte sich neben ihn. Er lehnte sich zurück und sagte: "Jetzt fange ich an."

"Es war vor mehr als drei galaktischen Jahren, als sie zum ersten Mal in meinem Etablissement erschien. Die Touristen waren damals noch nicht zur Gänze ferngeblieben, und mir ging es zu dieser Zeit noch richtig gut. Die Bar war hell und voller Leute, aber ich sah sie in dem Augenblick, als sie mein Haus betrat. Dünn war sie und bleich, und zuerst dachte ich, sie wäre krank. Als sie sich auf dem Tisch bei der Tür niederließ, ging ich sofort zu ihr.

'Möchten Sie Wein?' fragte ich, weil ich weiß, wie belebend dieses Getränk wirkt. Aber sie schüttelte den Kopf. 'Nein' sagte sie, 'ich suche Arbeit.' 'Aber was können Sie?' fragte ich. 'Ich kann mich ausziehen' sagte sie. 'Muss ich noch was können?' Da sah ich sie mir genauer an, und ich wusste, sie brauchte wirklich nicht mehr zu können. Trotzdem gibt es eine 'künstlerische' Art, die Hüllen fallen zu lassen, die Hüften zu schwingen, die Beine zu strecken, und das sagte ich ihr. 'Sie haben andere Mädels, die mir die Grundlagen beibringen können' sagte sie. 'Danach liegt es an mir.' 'Wie heißen Sie?' fragte ich dann. 'Mary Langbein' sagte sie. 'So heiße ich nicht wirklich, und ich möchte Bargeld.' Ich sah sie noch einmal an und stellte sie sofort ein.

Es stellte sich heraus, dass sie die Finessen des Strip Tease nicht beherrschte. Es stellte sich ferner heraus, dass das nicht nötig war. Beim ersten Mal sahen nur ein Dutzend Männer zu. Beim zweiten Mal waren es zwei Dutzend. Das nächste Mal war der Saal voll, die Bar überfüllt, und draußen bildete sich eine Schlange. Manche Mädels tanzen, indem sie einfach gehen. Sie gehörte dazu. Sie hatte eine Art 'Poesie der Bewegung', aber ich denke, es waren in Wirklichkeit ihre Beine, wegen der die Männer kamen. Sie können das selbst beurteilen. Übrigens wurde der Flügel damals von mir selbst bespielt."

König Tutankamon lehnte sich vor, öffnete eine kleine Bedienplatte unterhalb der Vorbühne, und drückte mehrere beleuchtete Knöpfe. Sofort gingen die Lichter aus, und die Samtvorhänge teilten sich. Ein Stereo-Bildschirm schob sich vor, und einen Augenblick später erschien Mary Langbein alias Annabelle Leigh auf ihm. Die Illusion war so vollkommen, dass es aussah, als betrete sie die Bühne in Fleisch und Blut.

Ein Duft wie von den Weingärten Azures durchdrang den Raum. Drake konnte kaum atmen.

Sie trug die übliche Kleidung einer Stripperin, also Kleidungsstücke, die man einzeln ausziehen und wegwerfen konnte. Kaum war sie auf der Bühne "erschienen", als schon das erste Kleidungsstück davon flatterte und verschwand. Drei weitere folgten in rascher Reihenfolge. Ein fünftes flog davon, als sie scheinbar die Rampe betrat.

"So war sie immer" flüsterte der König. "Ich hab ihr gesagt, sie solle schamhaft sein, sie solle die Gäste hinhalten, aber sie achtete nicht darauf. Es war, als hätte sie es furchtbar eilig, alle Kleidung loszuwerden."

Drake hörte ihn kaum.

Mary Langbein bewegte sich jetzt die Rampe hinab, und ein weiteres Kleidungsstück schwebte nach vorne und verschwand. Er sah ihre Brüste. Akkorde erklangen im Hintergrund. Eine Folge von Neunen und Elfen. Ihr Gesicht glühte; ihre Augen sahen leicht nach oben. Wie verglast.

Drake sah, wie das letzte Kleidungsstück in die Nebel der Zeit entschwebte. Jetzt hatte sie nur noch Sandalen und ihr *cache-sexe* an. Ihren langsamen Gang die Rampe entlang setzte sie fort.

Poesie lag im Spiel des Lichts auf ihrem Fleisch, Poesie lag in jeder ihrer Bewegungen. Die schlaffen Brüste einer Schönheitskönigin kannte sie nicht. Hier war nur Festigkeit; Tiefe. Ihr Haar brannte in gelbem Herbstfeuer. Das Klingeln eines gläsernen Glockenspiels erhob sich und formte einen unsichtbaren Heiligenschein über ihrem Kopf. Am Fuß der Rampe führte sie ein paar verachtungsvolle Hüftschwünge und Beinstreckungen aus, dann ging sie beiläufig den Weg zurück, den sie gekommen war. Jetzt sah ihr Gang ein ganz klein wenig anders aus. Schweiß brach auf Drakes Gesicht aus. Sein Atem blieb ihm in der Kehle stecken. Mit nach oben gerichteten Augen sah sie niemanden, weder jetzt noch nachher; kannte niemanden, lebte nur den Augenblick. Ihr Körper wand sich obszön. Geldscheine prasselten auf sie wie kühler Regen. Plötzlich kam Drake in den Sinn, dass sie ihr Geschlecht nicht dem Publikum dargeboten hatte, sondern der ganzen Welt, allen Welten.

Und wieder begann sie mit ihren Hüftschwüngen und Streckungen. Auch ohne Raffinesse waren ihre Bewegungen unglaublich obszön, und dennoch irgendwie überhaupt nicht obszön. Irgendetwas quälend Bekanntes lag darin, so quälend bekannt, dass er sicher war, ihren Tanz schon einmal gesehen zu haben. Obwohl er genau wusste, dass das nicht möglich war.

Der Striptease

Sein Geist verweigerte den Dienst, und so saß er hilflos da, ein Gefangener des Augenblicks. Schließlich begann sie eine Reihe von Bewegungen, eine Art von Tanz, der die Essenz einer jeglichen menschlichen Orgie enthielt, und der dennoch gleichzeitig überhaupt nichts mit Orgien zu tun hatte, irgendetwas Transzendentes ... und Ernsthaftes. Sie machte gerade über ihm eine Pause, und ihre Beine waren anmutige Säulen des prächtigen Tempels ihres Körpers, und ihr Kopf war die aufgehende Sonne, und sie trat zurück in den Bildschirm, die Lichter gingen aus, der Vorhang fiel.

Ich bin ein Wall, und meine Brüste
wie dessen Türme:
Also war ich in seinen Augen
eine, die Frieden fand.

Erst nach einiger Zeit sagte Drake: "Ich möchte ihn kaufen."

"Das Realiband? Tja - damit Sie es zerstören können?"

"Nein. Wieviel wollen Sie?"

"Sie müssen verstehen" sagte der König, "das ist mir sehr wertvoll, so -"

"Ich weiß" sagte Drake, "wie viel?"

"Sechshundert Rockefellers."

Die Zahl erreichte nur knapp den Rest seines dahin schwindenden Geldvorrats. Dennoch feilschte er nicht, sondern zählte die Hundertcreditscheine einzeln ab. Der König entfernte das Realiband vom Projektor, und der Tausch wurde vollzogen. "Sie haben einen guten Kauf getätigt, Mr. Drake" sagte der König. "Für ein Liebhaberstück wie dieses könnte ich ohneweiters zweimal sechshundert Rockefellers bekommen."

"Wann ist sie von hier abgereist?" fragte Drake.

"Nach etwa einem Jahr. Ein großes Jahr. Eines Abends, nach einem ihrer Tänze, ging ich auf ihr Zimmer, und sie war weg. Ihre Kleider, alles ... Trotz ihrer Bereitwilligkeit beim Entkleiden gehörte sie nie

zu uns. Sie erlaubte niemandem von uns, ihr in irgendeiner Weise
nahe zu kommen. Irgendetwas Tragisches war um sie. Einmal sagte
sie, sie könne keine Kinder bekommen, aber ich glaube, das hatte
wenig mit ihrem Unglück zu tun. Sie *war* unglücklich, wissen Sie,
obwohl sie das immer sorgfältig verbarg." Der König hob seinen
Blick, und Drake traute seinen Augen kaum, als er Tränen in dessen
Gesicht bemerkte. "Sie haben mir erzählt, dass sie eine Heilige wurde, nachdem sie Verlassene Welt verlassen hatte. Irgendwie über-
rascht mich das nicht. Die Grenze zwischen Gut und Böse ist sehr
dünn. Die meisten von uns balancieren mit mehr oder weniger Ge-
schick auf dieser Linie, aber ich glaube, Mary Langbein konnte das
nicht: Sie ging entweder auf der einen oder auf der anderen Seite.
Das Böse fand sie nach einiger Zeit unerträglich, und so rannte sie
davon und überschritt die Grenze zum Guten. Aber das Gute fand sie
dann auch wieder unerträglich, und so rannte sie wieder davon. Sie
hat Ihnen gesagt, sie möchte auf Iago Iago abgesetzt werden, um an
einer Auferstehung teil zu nehmen. Das glaube ich nicht. Wirklich
oder nicht, die Auferstehung war für sie eine Ausrede. Ich glaube,
sie suchte eine Lebensform, welche die beiden Extreme von Gut und
Böse miteinander vereinen konnte, und sie glaubte wohl, das bei den
primitiven Polysirianern zu finden. Ich glaube, sie hoffte auch einen
Mann zu finden, der sie verstehen und so annehmen würde, wie sie
war. Meinen Sie, ich könnte Recht haben, Mr. Drake?"

"Ich weiß nicht" sagte Drake. Er stand schnell auf. "Ich muss jetzt
fort."

König Tutankamon berührte seinen Arm. "Die Frage, die ich Ihnen
stellen möchte, ist von extrem delikater Natur, Nathaniel Drake. Ich
hoffe, Sie nehmen daran keinen Anstoß?"

Drake seufzte müde. "Fragen Sie, damit wir's hinter uns bringen."

"Waren Ihre Vorfahren zufällig Holländer?"

"Nein" sagte Drake und ging.

Drei der sechs Monate, die ihm Pastellseide-GmbH gewährt hatte, waren vergangen, und seine Ladung war um keinen einzigen Ballen kleiner geworden. Sein Kapital dagegen war auf einen Minimalbetrag geschrumpft. Nicht einmal dem echten *Fliegenden Holländer* war es jemals so schlecht gegangen.

Nicht, das er je erwartet hatte, seine Ladung oder auch nur einen Teil davon verkaufen zu können, weder hier noch auf Azure. Er musste sie allerdings verkaufen, und zwar bald, egal wo, denn, ob abgebüßt oder nicht, er wollte weiter leben, und dafür musste er sein täglich Brot verdienen, und obwohl ein Geisterschiff viel zu wünschen übrig ließ, war es dennoch besser als überhaupt kein Schiff. Die ganze Zeit über hatte er gewusst, dass es einen Ort innerhalb der sirianischen Satrapie gab, wo die Leute so naiv waren, dass sie wertvolles Gut gegen "Ballen aus blauseidenem Nichts" tauschen würden, und dieser Ort war Iago Iago. Doch hatte er aus zwei Gründen diesen Planeten bis jetzt gemieden. Der erste Grund war sein Eifer, die heilige Annabelle Leigh zu diskreditieren, und der zweite seine Angst, den Pilotenschein zu verlieren, wenn er seine wertlose Fracht den Eingeborenen dieses rückständigen Planeten verscherbelte. Doch trotz seiner Bemühungen, die Frau anzuschwärzen, die er hassen wollte, musste er zugeben, dass sein Fall hoffnungslos war und er das gewünschte Gefühl nie erreichen würde; und in Anbetracht der Tatsache, dass sein Pilotenschein nichts wert war, wenn er kein Schiff mehr besaß, galt der zweite Grund auch nicht mehr. Die ganze Zeit stand geschrieben, dass er auf Iago Iago landen müsse.

Er hob ab von Himmlisch und fand erneut die Sterne, und die Sterne waren gut. Madame Gin ließ er stehen. Nachdem er das Schiff dem Autopiloten übergeben hatte, holte er das Realiband des Königs und legte es in den Mädchenfilmprojektor. Bald erhob sich Mary Langbein aus der Vergangenheit. Er befestigte den Schnappschuss von Penelope am Lampenfuß, dann lauschte er der Stimme aus dem Intercom. "Ich erwählte diesen Tag, um zu euch über die vandalische Wanderschaft zu sprechen, wie Sein Geist über das Land wandelte" sagte Annabelle Leigh. Mary Langbein warf ihr letztes Kleidungsstück in die Nebel der Zeit und schritt lüstern die Rampe hinab. Der Duft aus den Weingärten Azures durchdrang den Raum. Als er die Hintergrundmusik ausschaltete, entdeckte Drake, dass ihr Tanz mit den Worten der heiligen Annabelle Leigh perfekt harmonierte. Nicht direkt mit den Worten, aber mit dem Rhythmus und dem Widerhall ihrer Stimme. Was die eine ausdrücken wollte, tat die andere ebenso. *Seht mich an* sagten sie zugleich. *Ich bin einsam und fürchte mich, doch bin ich voller Liebe. Ja ja!* rief das Mädchen auf dem Hügel. *Voll Liebe, voll Liebe, voll Liebe!* ... Und in der Kabine blühten Weingärten, blühten Blumen; eine blauhelle Sonne ging auf, und unter ihren Strahlen gingen der Junge und das Mädchen, der Junge Nathaniel und das Mädchen Annabelle Leigh, und der Wind wehte und das Gras sang und die Bäume steckten ihre Köpfe zusammen in rauschender Ratsuche ... und währenddessen knirschten die Platten der Außenhülle und der Schwerkraftgenerator murmelte, und die geisterhafte *Flieg bei Nacht* raste auf Iago Iago zu.

Irgendwie passte das: Ein Geist verliebte sich in einen Geist.

Iago Iago

Iago Iago gleicht einem riesigen Wollknäuel, das eine kapriziöse kosmische Katze im Vorzimmer des Universums liegen ließ. Seine Farbe ist smaragdgrün, und aus großer Ferne sieht der Planet wegen seiner Atmosfäre weich und flockig aus. Der Effekt schwindet, sobald sich die Entfernung verringert, hört dann völlig auf, und schließlich taucht Iago Iago auf als hellgrüne Christbaumkugel auf einer sauber herausgeputzten sternbestrahlten kosmischen Tanne.

Die Polysirianer erwarteten Nathaniel Drake. Sie hatten ihn viele Monate lang erwartet. "Ich werde auferstehen und zu euch zurückkehren", hatte er gesagt. "Ich werde in Eurem Himmel erscheinen, und zu euch hinabkommen, und ihr werdet dann wissen, dass Sein Geist wirklich gewandert ist, und dass er nicht umsonst gewandert ist." Nathaniel Drake indes wusste nicht, dass sie ihn erwarteten, noch wusste er, dass er diese Worte gesagt hatte.

Er landete die *Flieg bei Nacht* auf einer grünen Wiese, parkte sie auf einer Antischwerkraftvorrichtung und schwebte zum Boden hinab. Dann hörte er die Rufe und sah die Polysirianer aus dem nahe gelegenen Wald auf ihn zulaufen. Normalerweise hätte er sofort wieder sein Schiff bestiegen und die Schleusen verriegelt, doch der Ton ihrer Rufe sagte ihm, dass er nichts zu befürchten hätte. So blieb er in der Wiese stehen, groß und hager und geisterhaft, und wartete auf ihr Eintreffen.

Sie machten etwa zehn Meter vor ihm Halt und bildeten einen farbenfrohen Halbkreis. Sie trugen Blumen in den Haaren, und ihre Umhänge und Wickel bestanden aus Pastellseide. Die Pastellseide war Jahrzehnte alt. War ein anderer Kaufmann vor Zeiten hier gelandet und hatte diesen jungfräulichen Boden entweiht?

Nun teilte sich der Halbkreis und eine alte Frau trat hervor. Drake sah sofort, dass sie keine Polysirianerin war. Ihre Uniform der Emanzipationskirche stand in misstönendem Kontrast zur bunten Kleidung der Eingeborenen, aber es handelte sich nicht um eine der Konfektionswaren, wie sie von ihren Schwestern in den zivilisierten Sektoren der Satrapie getragen wurde. Sie war von Hand gesponnen und geschneidert und genäht, und ihre Einfachheit verlieh ihr eine Würde, die ihre zivilisierten Vettern nie erreichen konnten. Irgendwie hatte er den Eindruck, sie trüge diese Uniform zum ersten Mal.

Sie begann, auf ihn zuzugehen durch das Gras der Wiese. Irgendetwas war quälend vertraut in der Art ihrer Bewegung; irgendetwas Wehmütiges. Der Rand des Käppi beschattete ihre Augen, sodass er nicht in sie blicken konnte. Ihre Wangen waren dünn und verdorrt, aber seltsam lieblich. Sie hielt vor ihm und blickte ihn an mit Augen, die er immer noch nicht sehen konnte. "Die Menschen von Iago Iago heißen dich erneut willkommen, Nathaniel Drake" sagte sie.

Die Himmel schienen zu glänzen; die ganze Landschaft wirkte unwirklich. Der Halbkreis kniete nieder und beugte die blumenbekränzten Häupter. "Ich verstehe nicht" sagte er.

"Komm mit mir."

Er ging neben ihr über die Wiese, während sich die Menschenkette vor ihnen teilte und hinter ihnen wieder schloss; über die Wiese und durch den parkähnlichen Wald und die Straße entlang zu einem idyllischen Dorf, und einen sanften Hügel hinauf, der in den Himmel schwellte wie die Brust einer Jungfrau. Die Menschen begannen zu singen, eine aufregende Melodie, mit feinen und noblen Worten.

Auf dem Hügel lag ein einsames Grab. Die alte Frau blieb vor ihm stehen, und Drake stand neben ihr. Aus den Augenwinkeln sah er, wie eine Träne ihre zerfurchte Wange hinunter rann. Am Kopfende des Grabes ragte ein schwerer Stein empor, für zwei Gräber gedacht und so platziert, dass er bei Aushebung des zweiten Grabes genau in der Mitte stand.

"Meine Augen sahen die Pracht des Herrn" sangen die Polysirianer. *"Er zertritt die Ernte, wo die Früchte des Zorns gelagert sind; ER hat den furchteinflößenden Blitz seines schrecklichen Schwerts losgelassen, Seine Wahrheit geht voran."*

Nathaniel Drake betrachtete den Stein. Die eine Hälfte war unbeschrieben. Die andere Hälfte - die über dem Grab - trug folgende Inschrift:

DER HEILIGE NATHANIEL DRAKE

Drake wusste nun die Antwort, und er wusste, was zu tun war -

Was er in gewissem Sinn schon getan hatte ...

Er wandte sich der alten Frau neben ihm zu. "Wann kam ich zum ersten Mal hierher?" fragte er.

"Vor zweiundfünfzig Jahren."

"Und wie alt war ich, als ich starb?"

"Du warst dreiundachtzig."

"Wieso bin ich ein Heiliger geworden?"

"Du hast es mir nie erzählt, Nathaniel Drake."

Sanft berührte er ihre Wange. Sie hob den Blick, und zum ersten Mal sah er in ihre Augen - sah die Jahre und die Liebe und das Lachen, die Angst und den Schmerz. "Waren wir glücklich?" fragte er.

"Ja mein Liebling - das haben wir dir zu verdanken."

Er bückte sich und küsste sie auf die Stirn. "Auf Wiedersehen, Mary Langbein" sagte er, wandte sich ab und ging den Hügel hinab.

"Glory glory hallelujah" sangen die Polysirianer, als sich sein Schiff in den Himmel erhob. *"Glory glory hallelujah, Glory glory hallelujah, Seine Wahrheit geht voran."*

Womit kann man eine Verwerfungssickerstelle vergleichen?

Am besten mit einem Leck im Dach eines alten Hauses. Die Dächer früherer Häuser wurden durch Sparren befestigt, und wenn ein Leck entstand, sammelte sich das Wasser und tropfte durch die Decke an unerwarteten Stellen. Während die "Sparren" Menschen gemachter Raumverwerfungen viel komplexer sind als die Sparren einfacher Häuser, bleibt die grundlegende Analogie erhalten: Die Raumzeitelemente, die aus Verwerfungsstellen wie dem Suezkanal sickern, kommen nie in der unmittelbaren Nachbarschaft solcher Risse zum Vorschein.

Selbst in Nathaniel Drakes Tagen wussten die Techniker des Suezkanal darüber Bescheid, aber was sie nicht wussten, war die Tatsache, dass solche Sickerstellen keine Gefahr für das Kontinuum darstellten, nur für das, was in Berührung mit ihren Brennpunkten kam. Auch wussten die Techniker nicht - niemand wusste das - dass die Wirkung dieser Brennpunkte mit der Direktheit des Kontakts variierte, was im Falle eines Teilkontakts bedeutete, dass die Wirkung auf ein menschliches Wesen oder ein Objekt den hypothetischen Auswirkungen eines Lambda-Xi-Bombardements ähnelte. So ist es nicht weiter verwunderlich, dass niemand, Nathaniel Drake eingeschlossen, den wahren Grund seiner Geisterhaftigkeit erkannte, nämlich *dass er und der Hauptteil seines Schiffs nach dem Teilkontakt mit einem Brennpunkt teilweise in die Vergangenheit geschleudert wurde.* Gleichzeitig war der Rest des Schiffs inklusive Anabelle Leigh in direkten Kontakt geraten und vollständig in die Vergangenheit geworfen worden.

So stellte sich die Lage dar, als Drake Iago Iago verließ:

Ein Teil von ihm und ein Teil seines Schiffs und die ganze Annabelle Leigh waren in einer Vergangenheit eingefroren, dessen zeitlicher Ort irgendwo im Jahr 3641 lag, dessen räumliche Koordinaten er aber nur erraten konnte, obwohl er wusste, dass sie innerhalb der Reichweite seines Versetzungsantriebs auf Iago Iago liegen mussten. Der überwiegende Teil von ihm und von seinem Schiff trudelte in Richtung jener Raumregion, die für seine Geisterhaftigkeit verantwortlich war und deren Koordinaten er im Logbuch der *Flieg bei Nacht* vor über drei Monaten notiert hatte. Im Lichte des Wissens, das er bei seinem Besuch auf Iago Iago erworben hatte, nahm er natürlicherweise an, dass bei direktem Kontakt mit der Kraft, welche ihn teilweise in die Vergangenheit geschleudert hatte, der Rest der Übertragung automatisch folgen würde - wie es ja in gewissem Sinn schon geschehen war. Was aber Drake nicht wusste und auch nicht wissen konnte: Raumzeitliche Unvereinbarkeiten müssen vor ihrer Eliminierung austariert werden, sodass vor der vollständigen Übertragung seine dreimonatige Verweilzeit in der Zukunft durch eine entsprechende Verweilzeit in der Vergangenheit aufgehoben werden musste, wobei die Länge dieses Aufenthalts umgekehrt proportional der raumzeitlichen Entfernung sein müsste, in die er katapultiert werden würde. Folgerichtig war er schockiert, als er nach der Begegnung der *Flieg bei Nacht* mit dem Brennpunkt der Verwerfung nicht in dem Raumzeitpunkt auftauchte, den er erwartete, sondern im kriegsverseuchten Himmel eines Planeten aus einer anderen Zeit und in einem anderen System.

Im Augenblick seines Auftauchens begann jede Warnblinkanlage in zornigen Rot zu leuchten, und die szintillometrische Sirene begann zu heulen wie ein *enfant terrible*. Drakes bedingte Reflexe überwanden den Schock, sodass er das Antischmelzfeld aktivierte, bevor der

Autopilot alle einströmenden Daten verarbeiten konnte. Obwohl er es zu dieser Zeit noch nicht wusste, reinigte das Schutzfeld, das sein Schiff ausstrahlte, beinahe die ganze Nordhalbkugel von radioaktiver Verseuchung, umhüllte dazu einen halben Ozean und einen ganzen Kontinent. Was einen weiteren Aspekt der Zeit zum Vorschein bringt, den man zu Drakes Zeiten nicht kannte: Ausdehnung.

Der Neandertaler war ein Zwerg gegenüber einem Heuschreck aus dem zwanzigsten Jahrhundert, und das Wollhaarnashorn, das er jagte, war nicht länger als eine Zikade aus dem zwanzigsten Jahrhundert. Das Universum dehnt sich sowohl räumlich als auch zeitlich aus, und diese Ausdehnung ist kumulativ. Über ein halbes Jahrhundert merkt man nichts davon, aber wenn es um Jahrtausende geht, sind die Auswirkungen atemberaubend. Schau dir keine Fossilien an, um dieses scheinbare Paradoxon zu begreifen, denn Fossilien gehören zu dem Planeten, auf dem sie eingeschlossen wurden; und zeige nicht mit anklagenden Fingern auf scheinbar unüberwindliche Hindernisse wie Masse, Schwerkraft, und Knochengewebe, denn der Kosmos funktioniert durch Zusammenarbeit, und alle Dinge, die großen wie die kleine, arbeiten Hand in Hand. Noch gibt es irgendwelche Unstimmigkeiten in der normalen Reihenfolge von Ereignissen. Ein Zweimetermann der Vergangenheit ist einem Zweimetermann der Zukunft äquivalent. Nur wenn du die beiden aus ihrer jeweiligen Zeit nimmst und sie nebeneinander stellst, wird der relative Größenunterschied sichtbar. Deswegen wurde Nathaniel Drake in den Augen der Bewohner des Planeten, auf dem zu landen er im Begriffe stand, zu einer Gestalt mit heldenhaften Ausmaßen, während sein Schiff sich bedrohlich am Himmel abhob wie ein kleiner Mond Oder ein kleiner Planet ...

Unter ihm lagen die Ruinen einer einstmals großartigen Struktur. Nicht weit von den Ruinen entfernt floss ein bleicher Fluss, und jenseits des Flusses brannte eine Stadt hell in der Nacht. Nathaniel Drake wusste endlich, wo er war - und wann. Als er auf die Ruinen blickte, kam ihm die Ahnung seines Schicksals.

Was ich jetzt tue, dachte er, wurde bereits getan, und ich kann kein Iota daran ändern. Deshalb muss ich das tun, was ich tue, und ich bin hier, mein Schicksal zu erfüllen.

Er trug immer noch seinen Antischwerkraftgürtel. Er parkte die *Flieg bei Nacht* in geeigneter Höhe und schwebte zum Boden hinab.

Hier wuchsen Kirschbäume, und die Kirschbäume standen in Blüte. Er selbst ragte über den rosa Explosionen empor und wusste um seine Ausmaße.

Er näherte sich den Ruinen, die er von oben gesehen hatte. Die edlen Säulen waren zerbrochen; das stattliche Dach eingefallen. Die Mauern, vor kurzer Zeit von hasserfüllten Kritzeleien geschändet, zerrissen. Ragte hier eine Marmorhand aus dem Schutt?

Eine Hand. Ein Marmorarm. Ein zerschmettertes Marmorbein. Drake wusste um sein Schicksal und begann zu graben.

Niemand sah ihn, denn Menschen waren Maulwürfe geworden und hatten sich an dunklen Stellen verborgen. Über ihm, hoch am Himmel, trafen Fernlenkgeschosse sein Antischmelzfeld und verglühten wie ausgebrannte Glühwürmchen. Abfangjäger flammten auf, flammten zurück und starben dann. Die Flammen der brennenden Hauptstadt färbten den Potomac blutrot.

Er fuhr mit dem Graben fort.

Eine zerfallene Säule lag über einem marmornen Körper. Er rollte die Säule beiseite. Der edle Kopf lag zerborsten auf dem Boden. Er hob ihn sanft auf und trug ihn fort und legte ihn auf den frühlingfeuchten Boden. Stück für Stück grub er die zerbrochene Statue aus, und als er sicher war, dass kein einziges Bruchstück mehr in den Ruinen verborgen lag, holte er das Schiff herunter und lud die Stücke in den Frachtraum. Dann hob er ab und machte sich auf den Weg zum Meer.

Die vandalische Wanderung

In einiger Entfernung von der Küste der Chesapeake Bay verließ er das Schiff und schwebte hinunter zum Flussufer und begann seine Wanderung den Fluss entlang Richtung Meer. Über ihm hielt der Autoplanet das Schiff auf Kurs.

Er, Nathaniel Drake, fühlte sich wie ein Riese, wie er den Potomac hinabwanderte Richtung Meer, und in dieser lang vergangenen Zeit war er auch wirklich ein Riese. Doch während der ganzen Zeit wusste er, dass er selbst, verglichen mit dem Riesen, den er verkörperte, nur ein Zwerg war, eine halben Meter klein.

... und wenn ihr nicht an die Wanderung Seines Geistes über das Land und Seinen Aufstieg zu den Sternen glaubt, dann seid ihr so gut wie tot, ohne Hoffnung, ohne Liebe, ohne Mitleid, ohne Sanftmut, ohne Menschlichkeit, ohne Demut, ohne Sorgen, ohne Schmerz, ohne Glück, und ohne Leben ...

"Amen." sagte Nathaniel Drake.

Er erreichte ein Dorf, das von der allgemeinen Zerstörung verschont geblieben war, und sah Menschen, die aus ihren unterirdischen Verstecken hervor krochen. Er sah auf sie hinab und verkündete: "Seht, ich bin auferstanden, seht, ich wandle wieder auf Erden! Seht mich an, ihr Menschen der Erde - ich bin gekommen, euch von den Fesseln eurer Furcht zu befreien, und ich habe den Planeten des Friedens aus den Unendlichkeiten von Raum und Zeit herbei befohlen, um Meinen Geist zu den Sternen zu bringen. Siehe, ich *erzwinge* den Frieden für euch, ihr Völker der Erde, und ich befehle euch, diesen schrecklichen Tag stets in Erinnerung zu bewahren, als ihr die Menschlichkeit aus euren Häusern vertrieben und eure Tore dem Verderben geöffnet habt."

An der Küste der Chesapeake Bay blieb er stehen, und als der Autopilot sein Schiff herunter brachte, entfernte er die Fragmente der Statue aus dem Lagerraum und legte sie sanft auf die Küste ... *Und der Planet des Friedens nahm Seinen Geist auf und trug ihn hinweg vom Antlitz der Erde.*

Einen Augenblick später war die Übertragung vollendet.

Die Kabine war ein einsamer Ort. Er verließ sie schnell und eilte den Gang hinunter zum Steuerbord-Lagerraum. Die Wände schimmerten nicht mehr, das Deck war solide unter seinen Füßen. Er war auch nicht mehr durchsichtig. Er öffnete das Schleusenschloss und trat über die Schwelle. Mary Langbein alias Annabelle Leigh lag auf dem Boden verkrochen. Sie sah auf, als sie seine Schritte hörte, und in ihren Augen lag das stumpfe und hoffnungslose Elend eines in die Ecke getrieben Tieres, das keinen Ausweg mehr sieht.

Er hob sie sanft hoch. "Nächster Halt: Iago Iago" sagte er.